Zuhal Özçetin

Gürültü Kontrolü Açısından Konservatuvar Binalarının Analizi

Zuhal Özçetin

Gürültü Kontrolü Açısından Konservatuvar Binalarının Analizi

Ankara Musiki Muallim Mektebi Mamak Belediyesi Konservatuvar Binası Örneği

Türkiye Alim Kitapları

Impressum / Künye

Bibliografische Information der Deutschen Nationalbibliothek: Die Deutsche Nationalbibliothek verzeichnet diese Publikation in der Deutschen Nationalbibliografie; detaillierte bibliografische Daten sind im Internet über http://dnb.d-nb.de abrufbar.

Deutsche Nationalbibliothek tarafından yayınlanan bibliyografik bilgiler: Deutsche Nationalbibliothek, bu yayını Deutsche Nationalbibliografie'de listeler; detaylı bibliyografik bilgi İnternet'te http://dnb.d-nb.de sitesinde mevcuttur.

Coverbild / Kitap kapağı resmi: www.ingimage.com

Verlag / Yayıncı:
Türkiye Alim Kitapları
ist ein Imprint der / yayınevinin bir ticari markasıdır
OmniScriptum GmbH & Co. KG
Heinrich-Böcking-Str. 6-8, 66121 Saarbrücken, Deutschland / Almanya
Email / E-posta: info@turkiye-alim-kitaplary.com

Herstellung: siehe letzte Seite /
Basım yeri: son sayfaya bakın
ISBN: 978-3-639-67293-0

Zugl. / Approved by: Ankara, Gazi Üniversitesi, 2011

ÖNSÖZ

Eğitim yapıları içinde özellikli bir yer tutan konservatuar binalarında eğitim ve öğretimin verimli olabilmesi için sesin denetlenmesi ve gürültünün engellenmesi gerekmektedir. Bu çalışmada gürültü kavramı, gürültü kaynakları, gürültü düzeyi göstergeleri ve yapılarda gürültü kontrolü irdelenmiştir. Ardından, gürültü kontrolü ile ilgili ulusal ve uluslararası yönetmelikler (Türkiye, İngiltere, Amerika ve Almanya) eğitim yapıları ve eğitim yapıları özelinde, konservatuvar binaları açısından incelenerek, sınıfta konuşma seviyesi, arka plan gürültü düzeyi, mekânın boyutları, yapı bileşenlerinde sağlanması gereken ses yalıtım değerleri, reverberasyon süresi, konuşmanın anlaşılabilirliği gibi performans kriterleri oluşturulmuştur.

Son bölümde ise incelenen kavramlar ışığında Ankara Musiki Muallim Mektebi Mamak Belediyesi Konservatuvar binasının mevcut durum değerlendirmesi, Insul simülasyon programı aracılığı ile gerçekleştirilmiştir. Sonrasında, Ankara Musiki Muallim Mektebi Mamak Belediyesi Konservatuvar binasının çevresel gürültü düzeyi, arka plan gürültü düzeyi ve yapı elemanlarının ses geçiş kaybı ölçümleri yapılarak, Insul 6.4 simülasyon programıyla karşılaştırmaları yapılmış ve uygun olmayan durumlar için öneriler geliştirilmiştir.

Bu çalışmada; değerli katkılarını ve desteğini esirgemeyen, Sayın Prof.Dr. Füsun DEMİREL, Sayın Prof.Dr. Metin ARSLAN ve Sayın Prof.Dr. Ali İhsan ÜNAY'a; çalışmam boyunca tecrübelerinden yararlandığım Sayın Yrd.Doç.Dr. Çiğdem Belgin DİKMEN, Sayın Öğr.Gör. Mehmet EMİNEL, Öğr.Gör. Ferruh TORUK'a ve Araş.Gör. Olcay Türkan YURDUGÜZEL'e; ekip arkadaşlarım Rıza TÜRKMEN ve Araş.Gör. Sümeyra PEKTAŞ'a, yaşantım boyunca maddi ve manevi desteklerini esirgemeyen AİLEME teşekkürü bir borç bilirim.

İÇİNDEKİLER

Sayfa

1. GİRİŞ

Ses, duyulabilir ses dalgalarının, kulak tarafından algılanarak işitmenin sağlanması olayıdır. Gürültü ise istenmeyen ses olarak tanımlanabilir. Özellikle, büyük şehirlerde, önemli bir çevre kirliliği problemi olan gürültü, insanların işitme sağlığını ve algılamasını olumsuz yönde etkileyen, fizyolojik ve psikolojik dengelerini bozabilen, iş performansını azaltan, çevrenin sakinliğini yok ederek niteliğini değiştiren; insanları işyerlerinde, konutlarında, ulaşımda araç ile ya da yaya olarak dolaşırken etkilemekte ve önemli sorunlar oluşturmaktadır [1,2].

İnsan sağlığını ciddi şekilde etkileyen gürültünün etkisine karşı insan davranışları iki şekilde incelenebilir. Birincisi; duygu ve duyuların açıklanmasıyla belirlenen psikolojik rahatsızlık, ikincisi ise çeşitli ölçme metotlarıyla belirlenebilen fizyolojik rahatsızlıktır. Bundan dolayı bir mekânın mimari planlamasında gürültü problemi tasarımla birlikte çözülmesi gereken bir olgudur. Tasarım aşamasında işitsel açıdan konforlu bir çevre oluşturmak için istenmeyen ses olarak kabul edilen gürültü yapıdan uzaklaştırılmalı ya da denetim altına alınmalıdır. Öncelikle gürültünün insan ve toplum sağlığı açısından kabul edilebilir en yüksek düzeylerinin ortaya konması, gürültü koşullarının ölçüm ve tahmin yöntemleri ile belirlenmesi ve bunlara bağlı olarak gürültü kontrolünün sağlanarak mekân içindeki sesin homojen olarak dağılması sağlanmalıdır [1,3].

İnsanların ihtiyaç duyduğu, akustik konfora sahip mekânlar; çalışma ve yaşam için uygun yapı yaparak ve insanların sağlığına-rahatına olumsuz yönde etki edecek, çalışma performansını etkileyecek akustik sorunlara çözüm bulunmasıyla sağlanabilmektedir.

İnsanın bireysel ve toplumsal gelişimini sağlayan kriterleri; genler, toplumsal hafıza, insanın doğduğu ve yetiştiği çevre, aile yapısı ve eğitim biçimi olarak sıralayabiliriz. Bilgi toplumları arasında yer alabilmek, eğitim seviyesinin yüksekliğine bağlıdır. Eğitim seviyesinin yüksekliği kaliteli eğitimcilerle ve kaliteli eğitim yapılarıyla sağlanabilir. Bu yüzden eğitim amaçlı kullanılan veya eğitim işlevine sahip olan yapılar, mimari tasarım aşamasında, titizlikle ele alınmalı, bunun sonucunda eğitim ve öğretimin verimlilikle devam etmesi için ihtiyaç duyulan akustik konfor koşulları sağlanmalıdır.

Sesle ilgilenen insanları yetiştirmeye yönelik olarak kullanılan konservatuvar binalarında eğitim ve öğretimin verimli olabilmesi için hacim içerisinde ihtiyaç duyulan akustik koşulların sağlanması ve arka plan gürültü düzeyinin denetlenmesi gerekmektedir.

Bu çalışmanın amacı; Müzik eğitimi veren yapılarda akustik konforun sağlanması için performans kriterlerini oluşturmak ve Ankara'nın önemli tarihi yapılarından Musiki Muallim Mektebi Konservatuvar binasının akustik performansını değerlendirmektir. Bu amaç doğrultusunda öncelikle gürültü ve gürültü kontrolüne yönelik kavramlar irdelenmiştir. Çalışmanın devamında, gürültü kontrolü ile ilgili ulusal ve uluslararası mevzuatlar konservatuvar binaları açısından incelenerek, performans kriterleri oluşturulmuştur. Son bölümde ise incelenen kavramlar ışığında Ankara Musiki Muallim Mektebi Mamak Belediyesi Konservatuvar binasının; Insul simülasyon programı ve akustik ölçümler aracılığı ile gürültü kontrolüne yönelik analizi yapılmış ve değerlendirilmiştir.

Bu çalışma; müzik eğitimi veren tarihi yapıların;

- akustik açıdan performans kriterlerini
- yapı özelinde yapılan akustik ölçümleri ve
- simülasyon yöntemi ile yapılan analizlerin değerlendirmesini kapsamaktadır.

Çalışmanın yöntemi; mevzuatların incelenerek performans kriterlerinin oluşturulması, Insul simülasyon programıyla mevcut durumun değerlendirilmesi ve Ankara Musiki Muallim Mektebi Mamak Belediyesi Konservatuvar binasının akustik ölçümlerinin yapılarak; simülasyon yöntemi ile elde edilen sonuçlarla ve mevzuatlarla karşılaştırmasının yapılmasıdır.

2. KURAMSAL TEMELLER

Gürültü fiziksel olarak gelişigüzel yapılı ve birbiri ile uyumlu tonal bileşenleri olmayan yüksek düzeyli karmaşık ses toplulukları olarak adlandırılabilir. Toplumda; beklenmeyen, hoşa gitmeyen, yüksek düzeyde ses olarak tanımlanmaktadır. Yapıların dış çevresinde bulunan, uzun etkileme süresine sahip, yüksek düzeyde olmadıkça işitme kaybı oluşturmayan, fakat kısa, orta ve uzun vadede çeşitli konfor ve sağlık sorunları oluşturan kaynaklar için çevre gürültüsü terimi kullanılmaktadır [3].

2.1. Gürültü Kaynakları

Kentlerin bir sorunu olarak görülen gürültü; insanın yaşadığı her türlü çevre içinde ve kırsal alanlarda mevcuttur ve aynı zamanda büyük rahatsızlıklar oluşturabilir. Ancak çevre kavramı yapıları da kapsayacak şekilde ele alındığında insanları olumsuz etkileyen yapı içi gürültü kaynakları da göz önüne alınması gerekir [3].

Çizelge 2.1. Çevresel gürültü kaynakları ve incelenmesi gereken bileşenler [3]

Kaynak türü	**İnceleme düzeyi**	**Faktörler**
Ulaşım gürültüleri	Tek kaynak birimi	Motorlu taşıtlar: kamyonlar vb. (ağır taşıt), kamyonet, motosiklet vb. (orta) ve otomobil (hafif) taşıtlar.
		Lokomotif ve vagonlar.
		Uçaklar, helikopterler.
	Ulaşım hareketleri: Hareketli kaynak dizileri veya gruplar (toplu taşıtlar)	
	Kaynak ortamı (Ulaşım düzlemi)	Yol (kent içi, dışı trafik yolları, hızlı yollar vb.)
		Demiryolu (raylar, balast sistemi, köprüler vb.)
		Havaalanı: pistler, taksi yolları, bakım alanları.
Şantiye ve yapım gürültüleri	Tek kaynak birimi: işlemci makinalar, malzeme taşıyıcılar ve yapılan işlemler.	
	Kaynak ortamı: yapım alanı (şantiye)	Yol yapımı
		Bina yapımı
Endüstri gürültüleri	Tek kaynak birimi: makine, araç ve donatım.	
	Kaynak ortamı	Açık alan (yapı dışı)
		Kapalı alan (yapı içi)
Eğlence ve ticari amaçlı gürültüler	Tek kaynak birimi: Yüksek sesle konuşma, bağırma, çocuk sesleri, spor alanları, atış alanları, radyo, TV ve müzik sesleri, açık hava sinemaları, eğlence yerleri, yükseltilmiş reklamlar, satıcı sesleri, kaset ve plakçıların müzik sesleri vb. [2]	

Plansız kentleşmenin yanında çevre bilincinden uzak ulaşım planlamasının getirdiği olumsuzluklardan biri gürültü kirliliğidir. Gürültü kirliliği konusunda yapılan araştırmaların tarihsel gelişimi incelenirse; çevre gürültüsünü oluşturan kaynaklar içinde ulaşım sistemleri özellikle motorlu taşıt trafiğinin baskın olduğu görülür [3].

Gürültü kaynakları değişik açılardan gruplandırılabilir. Seslerin kaynaklarına göre havada ya da katı ortamlarda doğan veya yayılan gürültüler, akustik yönden noktasal, çizgisel ve düzlemsel kaynaklardan yayılabilirler [2].

Bir yapının içinde gürültü düzeyinin kabul edilebilir düzeyde olması, akustik konforun sağlanmış olması anlamına gelmemektedir. Kent içinde yapı türleri ve yolların durumuna göre saptanmış dış gürültü sınırları belirlenmiştir. Ülkemizdeki Gürültü Kontrol Yönetmeliği' nde belirlenen bu sınırlar, kulak duyarlılığı göz önüne alınmış eşdeğer sürekli ses basınç seviyesi (L_{eq},dBA) cinsinden verilmiştir. Fakat trafik gürültüsü gibi zaman içinde değişen gürültü türlerinde, ölçme zamanının belli aşılan sürelerindeki değerlendirmeleri göz önüne alan kriterlerin kullanılması da önemlidir [4].

Çevresel gürültü, yapıların dışında yer alan kaynaklardan üretilen ve yapı içindeki hacimleri veya yapı dışındaki açık alan kullanıcılarını etkileyen gürültülerdir. Bu gürültüler aşağıdaki gibi gruplandırılabilir:

- Ulaşım gürültüleri: Karayolu, denizyolu, havayolu (uçak ve hava alanı) gürültüleri.
- Yapım gürültüleri: Yol ve bina yapım işlerinin ve yapım makinelerinin gürültüleri.

- Endüstri gürültüleri: Endüstriye ait araç, gereç ve makineler ile işyerlerindeki çeşitli faaliyetlerden doğan gürültüler.
- İnsan ve faaliyetlerinden doğan, eğlence ve ticari amaçlı gürültüler: Yüksek sesle konuşma, bağırma, çocuk sesleri, spor alanları, atış alanları, radyo, TV ve müzik sesleri, açık hava sinemaları, eğlence yerleri, yükseltilmiş reklamlar, satıcı sesleri, kaset ve plakçıların müzik sesleri vb. [2,3].

Ulaşım, yapım ve endüstri gürültüleri, kaynak verilerinin doğru saptanmasına bağlı olarak modellenebilir, seviyeleri hesaplanabilir. Fakat son gruptaki kaynakların çoğu değişkenlikleri sebebiyle ölçümleri yapılarak incelenebilir ve modelleme yapılması zordur [3].

İç ortam gürültüsü, yapıların içinde yer alan kaynaklardan doğan sesler olarak tanımlanabilir. İç ortam gürültüleri kaynaklarına göre aşağıdaki gibi gruplandırılabilir:

- Konut yapılarında komşuluk sesleri: Konuşma sesleri, adım sesleri, yükseltilmiş müzik sesleri, darbe ve eşya sürtünme sesleri, kapı çarpmaları, ev aletleri sesleri vb.
- Mekanik tesisata ait sistemlerden kaynaklanan gürültüler:
  - Isıtma, soğutma ve havalandırma sistemleri (HVAC) (klima üniteleri, boyler, fanlar, soğutma kuleleri, terminal kutuları, motorlar, hava kanalları, difüzörler vb.) ve
  - Sıhhi tesisat sistemleri (pompalar, su akışı, tuvalet rezervuarı vb.) nedeniyle ortaya çıkan her türlü titreşim ve gürültüleri kapsamaktadır.
- Elektrik tesisatına ait sistemlerden kaynaklanan gürültüler: Transformatör, floresan balastları, jeneratör gibi cihazlardan kaynaklanan her türlü titreşim ve gürültüleri kapsamaktadır.
- Sirkülasyon sistemleri gürültüleri: Asansörler (makine dairesi, donatım, kapı), merdivenler, yürüyen merdiven ve platformlardan kaynaklanan gürültüler.
- Özel gürültüler: Yapıların türüne ve kullanımına göre değişen özel kaynaklardan üretilenler [2,3].

Yapı içi gürültü kaynaklarının pek çoğunun hesaplanması olanaksız olduğundan bu tür gürültülerin hesaplanmasında gürültü kaynağına göre çeşitli ölçüm yöntemleri kullanılmaktadır. Gürültü kaynaklarının çeşitliliği, her bir gürültünün kaynak ölçeğinde ayrı ayrı incelenmesini, yapı içinde ne şekilde yayıldığının araştırılmasını gerektirmektedir. Kaynakların niteliğine göre etkili faktörler çok çeşitlidir. Yapı içinde gürültü yayılımını etkileyen faktörler ve sorunun artma nedenleri Çizelge 2.2.'de belirtilmiştir [2,3].

Çizelge 2.2. Yapı içi gürültü kaynaklarının emisyon seviyelerini etkileyen faktörler [3]

Kaynaklar	**Yapısal, işlemsel ve zamansal özellikler.**
Mekân ve yapı	Yapı elemanlarının ses yalıtım özellikleri (doğrudan ve dolaylı ses geçişlerine karşı)
	Donatımın sesi iletici yapı elemanları ile ilişkisi
	Mekân içinde ses yutuculuk değeri (reverberasyon)
İnsana bağlı faktörler	Kaynakların bilinçsiz seçimi ve kullanımı
	Kültür, eğitim, ekonomik sorunlar
	Gürültü üreticileri ile olumsuz ilişkiler

Çevrede yayılan gürültüyle ilgili tahminlerin doğruluğu ve alınacak önlemlerin yeterliliği; kaynakların emisyon seviyelerinin doğru saptanmasına bağlıdır [3].

Tesisat gürültüsü

Çevresel gürültü kaynaklarını; endüstride ve yapım işlerinde kullanılan makine ve araçlar, ağır motorlu taşıtlar, demiryolu taşıtları gibi ürettikleri hava doğuşlu ve darbe doğuşlu seslerin yanında mekanik titreşimler de oluştururlar. Bu titreşimler zemin üzerinde ya da zeminin derinliklerinde yayılarak temeller aracılığı ile yapılara ulaşır. Köprüler ve tüneller, strüktürel özelliklerine bağlı olarak titreşim düzeylerini arttırır [3].

Konut ve sosyal yapılarda trafik gürültüsünün yanı sıra, gürültünün sebep olduğu rahatsızlıkların başında, yapı teknik donatımının ve tesisatının yarattığı gürültü gelmektedir. Özellikle, konut içi tekniğine uygun düzenleme ve tesisata önem verilmesi çok katlı konut yapılarında dikkat edilmesi gereken bir konudur. Gürültüyle mücadelenin yolları; aktif sesten korunma, darbe kaynaklı sesi yalıtma ve olumlu bir planlama çözümüdür [5]. Çevrede oluşan mekanik titreşimler, kendilerinin yarattığı sakıncalı etkiler ve darbe kaynaklı istenmeyen seslerden dolayı çevrede gürültü kirliliği oluşturur [3].

Makinelerin titreşimiyle binaların içyapısına darbe kaynaklı ses etki eder. Tesisat odalarında, hatta çok uzakta bulunan yerlerde bile bu darbe kaynaklı ses havada yayılan ses halinde yayılır ve rahatsızlığa sebep olur. Makinelerin bulunduğu yerlerde darbe kaynaklı sesin aktarılma yolunu kesmek için makineler yaylanabilecek bir taban üzerine monte edilmelidir [5].

2.2. Gürültü Düzeyi Kriterleri

Gürültünün insanlar üzerindeki etkisi; anket ve ölçüm çalışmalarıyla değerlendirilmektedir. İnsanların, gürültünün belirli değerlerinde ortaya çıkan kulak sağlığının bozulması gibi birinci derecedeki olumsuzlukların yanı sıra, rahatsızlık, uykunun bozulması, korku uyanması, karşılıklı konuşmanın kesilmesi gibi kişisel tepkileri de belirlenebilmekte ve kabul edilecek gürültünün üst sınırları ya da aralıkları ölçüt olarak saptanabilmektedir [1].

Genel olarak ölçüm ve değerlendirmelerde kullanılan birimlerin bir bölümü; işitmeye ve algılamaya dayanan temel birimler olup, uluslar arası standartlarda yer almaktadırlar. Bir bölümüyse, özel gürültü kaynakları için yapısal, işlemsel ve etkileme özellikleri göz önüne alınarak geliştirilmişlerdir [3].

Çizelge 2.3. Gürültü birim ve göstergelerinin isimlendirilmesi [3]

Birim Adı	Sembol ve Birim
Birim (unit)	dBA veya dB (A)
Ölçek (scale)	SPL_A (A ağırlıklı ses basınç seviyesi) L_A
Metrik (metric) veya ölçümetre	L_{Aeq}
İndeks (index) **Gösterge (indicator)** **Tanımlayıcı (descriptor)**	L_{dn}

2.2.1. Çevresel gürültüye yönelik akustik kriterler

Çalışmalar sonucunda, bazı belirli karakteristik özelliklere sahip seslerin insanlar tarafından gürültü olarak hissedildiği ortaya çıkartılmıştır. Örneğin, ses dar bant aralığında sıkışmışsa, bu ses aynı enerjideki daha geniş banda yayılan sesten daha gürültülü olarak, başka bir örnekte aynı enerjideki iki sesten hızlı yükselen daha gürültülü algılanmaktadır. Düzensiz ve değişken bir ses kararlı bir sese göre daha gürültülü algılanmaktadır [1].

- Frekans ağırlıklı ses basınç seviyeleri, dB
  A ve C ağırlıklı seviyeler (IEC 61672-1'e göre)
- En yüksek frekans ve zaman ağırlıklı ses seviyeleri (L_{max}): Belirlenmiş zaman aralığında elde edilen ağırlıklı veya ağırlıksız dB biriminde en yüksek seviye.
- Zaman ağırlıklı seviyeler: F-ağırlık: Hızlı örnekleme.
  S-ağırlık: Yavaş örnekleme.
- Ses Basınç Seviyesinin Tepe Değeri (L_{peak}): Verilmiş bir zaman aralığında standart bir frekans ağırlık veya ölçüm band genişliği kullanılarak ölçülen anlık ses basınçlarının en yüksek değeri.

$$L_{peak} = 10 \log \frac{P_{max}^2}{P_0^2} \tag{2.1}$$

- Yığışımlı düzeyler veya yüzdelik düzey: Örnek zamanın belirli bir yüzdesinde aşılan ses seviyeleri [3].

A-ağırlıklı ses basınç seviyesi (dBA)

İnsanları rahatsız eden gürültülerin azaltılmasında ve devamlı gürültüye maruz kalma durumlarında ortaya çıkan işitme kaybının değerlendirilmesinde A-ağırlıklı ses basınç seviyesi sık kullanılır. A-ağırlıklı ses basınç seviyesinde düşük frekansların yoğunluğu, orta ve yüksek frekansların yoğunluğundan düşüktür. A-ağırlıklı ses basınç seviyesinin birimi dBA'dır. İnsan kulağının işitme sistemi en çok 1000-4000 Hz arasındaki orta frekans aralıklarında duyarlıdır. A-ağırlıklı ses seviyesi, ses seviye ölçerlerinde, bu farklılığı göstermek için kullanılır. İnsanın işitme sisteminin frekans tepkisini belirtir. Bundan dolayı gürültüye maruz kalma durumlarında sıkça kullanılır [1].

Fakat A-ağırlıklı ses basınç seviyesi konusunda karşıt fikirlerde vardır. 1992'de Duesseldorf-Almanya'da düzenlenen Dünya Sağlık Örgütü Toplantısı'nda, “A-ağırlıklı ses basınç seviyesinin, insanın farklı frekanslara gösterdiği duyarlılığı tam olarak yansıtmadığı" fikri söylenmiştir. Toplantı sonucu hazırlanan bilgilerde, belirli tipteki yüksek ve alçak frekansların, basit bir A-ölçümünün saptayacağından daha rahatsız edici ve zararlı olabildiği belirtilmiştir. Bu sebeple, bu tür gürültülerde, ses basınç seviyesinin doğrudan ölçülmesinde fayda bulunmaktadır. A-ölçümü, uluslararası kabul görmüş olmakla birlikte, doğrudan ölçülen ses basınç seviyesi için geçerli değildir. Bu nedenle, yoğun olarak alçak ve yüksek frekans içeren gürültülerin incelenmesinde, Dünya Sağlık Örgütü, A ölçümüne ek olarak C-ölçümünü de tavsiye etmektedir [1].

IEC 651'e göre referans ses basıncı (pref) = 20 mikropascal alınarak ve A frekans ağırlık şebekesi kullanılarak ölçülen ses basınç seviyesidir [3].

Algılanan gürültü düzeyi (PNL)

Gürültülülük (noiseness) genelde algılanan gürültü düzeyi olarak, PNL dB biriminde, PNdB olarak ifade edilir. PNL seviyesinin belirlenmesinde, ilk olarak toplam gürültülülük hesaplanır ve PNdB'ye düzeltilir. Metot, ses yüksekliğinin son (sones) olarak hesaplanıp, ses yüksekliği seviyesine çevrilmesinin bir benzeridir [1].

$$PN = N_m\,(1-K) + K\sum_{i=1}^{n} N_i \; noys \qquad (2.2)$$

PN= Toplam algılanan gürültü (noys)

N_m= Frekans bantlarda ölçülen maksimum gürültülülük (noys)

N_i= Her banttaki anlaşılır gürültülülük (noys)

K= Seçilen bantlara göre düzeltme faktörü

K= 0,3 1 oktav bant için,

K= 0,2 ½ oktav bant için,

K= 0,15 1/3 oktav bant için.

Her bantta ölçülen ses basınç seviyelerinin, bağıntıya uygulamadan önce, Şekil 2.1'deki eğriler kullanarak her bant için algılanan gürültüye çevirmeyi unutmamak gerekir. Toplam gürültülülük, PN, noy biriminde hesaplandığında bunun algılanan gürültü düzeyi, PNL, olarak değerlendirilmesi aşağıda verilen bağıntı ile yapılır [1].

$$PNL = 33{,}3 \log (PN) + 40 \text{ PNdB} \quad (2.3)$$

PNL= algılanan gürültü düzeyi (PNdB)

PN= algılanan gürültü (noys)

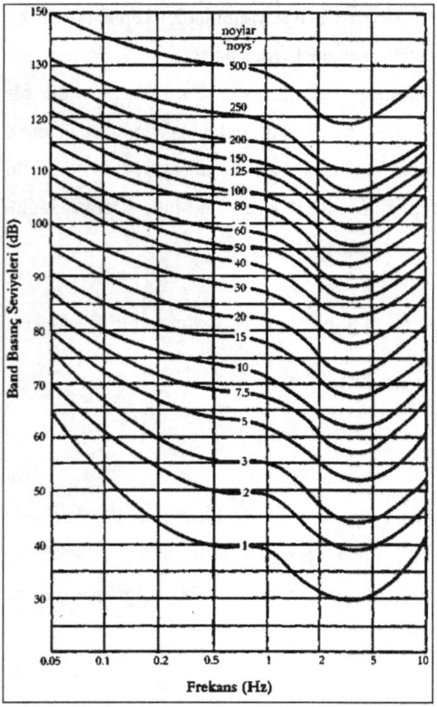

Şekil 2.1. Algılanan gürültü konturları [1]

Eşdeğer sürekli ses basınç seviyesi (L_{eq})

Ses seviyeleri zaman içinde değişen kaynaklarda; ölçülen dalgalı sese karşılık gelmek üzere aynı zaman periyodunda ve aynı efektif ses seviyesine sahip olan durgun ses seviyesidir [3].

L_{eq}'nun fonksiyonu belirli bir periyot için zaman değişkenine göre tek sayı ölçüler elde etmek içindir. Topluluk içindeki sesler, kamyon otomobil gürültüsü, hava alanı gürültüsü ve birçok sanayi gürültüsü L_{eq} değerini analiz edebilecek örneklerdendir [1].

Birleşmiş Milletler Çevre Koruma Bölümü, L_{eq}'yu çevre gürültüsünün değerlendirilmesinin; planlama ve uygulamada kullanılabilir olması, gürültünün insan üzerindeki etkileri ile mükemmel uyuşmakta olması, gerekli olan ölçüm cihazları standart ve piyasada kolay bulunabilir olması, halen kullanılan metotlarla çok benzerlik göstermesi, kesin, basit ve pratik olması nedeniyle tercih etmektedir. Eşit enerji prensibine göre, gürültü olaylarının birleşik etkisi, olayların birleşik ses enerjisine bağlıdır. Eşdeğer sürekli ses basınç seviyesi ($L_{Aeq,T}$) belirli bir T zamandaki ortalama ses basınç seviyesini tanımlamaktadır. Ortalama zamanın (T) tanımlanması önemlidir. T saniye, dakika ya da saat olabilir. Uluslararası Elekto Teknik Komitesi (IEC) kendi standartlarında $L_{Aeq,T}$' yi "zaman ortalama düzeyi" olarak tanımlamıştır. Genellikle L_{eq}, A ölçümlü filtreler kullanılarak ölçülmektedir. Bu nedenle literatürde $L_{Aeq,T}$ olarak geçmektedir. $L_{Aeq,T}$ aşağıdaki formülle ifade edilir [1].

Devamlı Süre İntegrali

$$LA_{eq,}T = 10\left[log_{10}\frac{1}{T}\int_0^T\left(\frac{P_A^{(t)}}{P_0}\right)^2 dt\right] \tag{2.4}$$

P_A: A veya C ağırlıklı T saniye periyodunda ani ses seviyesidir.

T: Toplam ölçüm süresi

P_A: A-ölçümlü anlık akustik basınç

Po: Referans akustik basınç (20 μPa)

İntegral işlemi, T zamandaki ortalama ses enerjisini bulduğu için, bu işleme enerji ortalaması da denilmektedir. $L_{Aeq,T}$' nin ölçülmesinde, ses seviye ölçerlerinin zaman integrasyonu, hızlı ya da yavaş tepki zamanlı olması önemlidir. $L_{Aeq,T}$' nin ölçülmesi, istenen zaman aralığında ölçümler yaparak ortalama ses basınç seviyesini veren modern ölçerler gerektirir. $L_{Aeq,T}$ karayolu trafik gürültüsü, birçok tip endüstri gürültüsü ve binalardaki havalandırma gürültüsü gibi devam eden sürekli gürültülerin ölçülmesinde kullanılmaktadır [1].

Gündüz-gece gürültü düzeyi (L_{dn})

Uzun süreli ses ortamı hesabı için gün, gece ve gündüz bazlı 24 saatlik eşdeğer ses seviyesine ihtiyaç duyulmaktadır. Bu amaç için geliştirilmiş iki ana nicelikten, birincisi CNEL (Toplam Gürültü Eşdeğerlik Düzeyi), ikincisi L_{dn} (Gündüz Gece Ses Düzeyi)'dir. CNEL bu tipte oluşturulmuş ilk değerlendirmedir. İlk defa Kaliforniya Havacılık Dairesi tarafından havaalanları etrafındaki ses seviyesini hesaplamak üzere hazırlanmış, sonraları birçok eyalet ve kentte kullanılmıştır. Daha sonra, yakın bir ses hesaplama bağlamı daha ortaya çıkmıştır [1].

$$\boldsymbol{L_{DEN} = 10\, log_{10}\, \frac{1}{24}\left[\left(12\, x\, 10^{L_d/10}\right) + \left(4\, x\, 10^{(L_e+5)/10}\right) + \left(8\, x\, 10^{(L_n+10)/10}\right)\right]} \qquad (2.5)$$

L_d, ISO 1996-2: 1987'de kabul edilmiş olan, bir yılın bütün gündüz periyotlarında elde edilmiş olan, A-ağırlıklı ortalama ses basınç seviyesi ve L_e, ISO 1996-2: 1987'de kabul edilmiş olan, bir yılın bütün akşam periyotlarında elde edilmiş olan, A-ağırlıklı ortalama ses basınç seviyesidir [1].

Bu kabulde, gündüz 12 saat, akşam 4 saat ve gece de 8 saat olarak ele alınmış, geçerli saat aralıkları da 07:00-19:00, 19:00-23:00 ve 23:00-07:00 olarak kabul edilmiştir. Yapılan işlerin değişmesi nedeniyle, akşamları gürültüye gösterilen tolerans azalacağından, bu konuda daha hassas olmak için gündüz, akşam ve gece olarak L_{den} değerleri bulunmuştur. Bu indeks Amerika'da ve birçok Avrupa ülkesinde kullanılmaktadır [1].

Geceleri, gürültüye karşı hassasiyet artmaktadır. Bu nedenle, gündüz - gece ortalama ses basınç seviyesi (L_{den}, DNL) geliştirilmiştir. Bu gösterge, ilk olarak ABD'de ve bazı Avrupa ülkelerinde benimsenmiş, daha sonra Avrupa Birliği tarafından da gürültü göstergesi olarak kabul edilmiştir. Avrupa Birliği Komisyonu'nun 26.07.2000 tarihinde Brüksel'de yayınladığı "Çevre Gürültüsü Azaltımı ve Yönetimi Teklifi"nde; gündüz - gece ortalama ses basınç seviyesi olarak değil, gündüz-akşam-gece ses basınç seviyesi: L_{den} olarak kabul edilmiştir [1].

Bir bölgedeki gürültü çevresi değişik gürültü kaynaklarının birleştirilmesiyle elde edilmektedir. Uçak, otomobil, kamyon ve tren gibi taşıtların gürültülerinin toplam gündüz-gece ortalama ses seviyelerine (DNL) eklenebilmesi için çalışma tabloları hazırlanır. Her kaynaktaki DNL desibel cinsinden verilmiştir. Bütün kaynaklardan gelen birleştirilmiş DNL bölgenin DNL'sidir ve gürültü çevresinin kabul edilebilirliğinin belirlenmesinde kullanılır [1].

Ses etkilenim seviyesi (SEL).

Tek bir motorlu taşıt, tren veya uçak geçişi ya da patlama sesi gibi tek gürültü olayları, değişik göstergelerle belirtilmelidir. En yaygın kullanılan "ses etkilenimi" ya da "maruz kalınan ses" göstergeleri, bir gürültü olayı için verilen bir T gözleme zamanı içinde frekans ağırlıklı anlık ses basınçlarının karelerinin toplamıdır [3].

$$E = \int_T P^2\ (t)dt\ Pa^2 s \qquad (2.6)$$

Ağırlıksız ses etkilenim seviyesi (sound exposure level) belirli bir referans seviyesine göre elde edilen logaritmik birimdir [3].

$$L_E\ 10\log\left(\frac{E}{E_0}\right)\ \mathrm{dB} \qquad (2.7)$$

$$E_0 = (P_0)^2\ x\ 1s = 400\ (\mu Pa^2 s) \qquad (2.8)$$

Ağırlıklı "ses etkilenim seviyesi", sürekli olmayan bir olay veya işlemden kaynaklanan gürültünün enerjisine eşit bir toplam enerjiye sahip olan ve 1 sn süre ile etkilediği varsayılan sabit A-ağırlıklı ses seviyesi olarak tanımlanabilir. Tek olayların değerlendirilmesinde kullanılmaktadır Darbeli (kesikli) gürültü ortamlarında ses olaylarının toplam akustik enerjiye katkıları, bu olayların ortaya çıktığı zaman aralığına bağlı olarak hesaba katılır. Endüstriyel işyerlerindeki gürültü değerlendirilmesinde kullanılır. L_{AE}, L_{Ax} ya da SEL sembolleri ağırlıklı ses etkilenim seviyesi için kullanılmaktadır [3].

Ses etkilenim seviyesinin eşdeğer sürekli ses basınç seviyesi (L_{eq}) ile ilişkisi ve SEL değerinden eşdeğer sürekli ses basınç seviyesinin (L_{eq}) elde edilmesi aşağıda görülmektedir [3].

$$L_{eq} = 10\log\left(\sum_{i=1}^{N} 10^{\ SEL_i/10}\right) - \ 10T, dB\ ya\ da\ dBA \qquad (2.9)$$

SEL_i = N sayıda kısa süreli ve darbe türü gürültü olayı

$$SEL_i = L_{AX} = 10\log\int_{t1}^{t2} 10^{LA(t)/10}\ dt, dB\ ya\ da\ dBA \qquad (2.10)$$

$t_1 - t_2$: Gürültünün tepe seviyesinden 10 dB düşmesi için geçen zaman.

N : Gürültü olayı sayısı.

T : İncelenen zaman süresi, saniye (8 saatlik iş günü, saatlik veya 10 dakikalık süreler olabilir).

Eşdeğer sürekli ses basınç seviyesi (L_{eq}) bilindiği zaman SEL değeri de elde edilebilir:

$$SEL = L_{eq}(t) + \ 10\log\ (t/t_0), dBA \qquad (2.11)$$

L_{eq} (t) : t zaman süresi için eşdeğer sürekli ses basınç seviyesi, (L_{eq}, dBA) t : Tek bir gürültü olayının süresi (süresi 5 dakikadan az olan gürültüler (endüstri işlemleri, tren ve uçak geçişleri gibi)

t_0 : 1 saniye [3].

2.2.2. İç ortam gürültü düzeyi kriterleri

Kapalı mekânlarda ve ya hacimlerde gürültü (arka plan) düzeyi kriterlerini dört başlık altında inceleyebiliriz. Bunlar; NC gürültü düzeyi kriteri, RC gürültü düzeyi kriteri (RC eğrileri), NR gürültü düzeyi kriteri, NCB dengelenmiş gürültü düzeyidir.

NC Gürültü düzeyi kriteri

NC Gürültü düzeyi kriteri (NC eğrileri), mekânlardaki en gürültülü durumlardaki ses seviyelerini ölçerek, mevcut durumu değerlendirmede kullanılmaktadır. NC aynı zamanda, sabit ya da sürekli arka plan gürültü düzeylerinin, en uygun ses yalıtımının belirlenmesine yardımcı olur. Hem alçak, hem yüksek frekanslarda sağlanan düzeyler NC eğrisinin 4-5 dB altındadır. Her NC eğrisi, sekiz oktav bant merkez frekansındaki ses basınç seviyeleriyle tanımlanmıştır [1,6].

1957 yılında tanımlanan bu kriter, mekânların uygun arka plan gürültü düzeylerinin belirlenmesinde tek bir ortalama yerine 8 oktav-bantta kabul edilebilir en yüksek gürültü seviyelerinin sınırlarını çizen bir eğrinin kullanılmasını önermektedir. Seçilen NC değerleri, binaların içindeki kullanıcıların eylemlerine göre farklılık gösterir. Çizelge 2.4.'de çeşitli iç mekan aktiviteleri için tavsiye edilen arka plan gürültü seviyeleri verilmektedir. En basit uygulama, incelenen gürültünün oktav bant basınç seviyeleri NC eğrileri üzerine işaretlenir. En yüksek NC değerine yakın nokta incelenen gürültünün NC değeri olarak kabul edilir [1].

Çizelge 2.4. Gürültü ölçütü değerleri [1,6]

Yapı Türü			NC Eğrisi		
			Min.	Orta	Mak.
Konutlar	Tek evler	Kent	20	25	30
		Kır	25	30	35
		Apartmanlar	30	35	40
Oteller	Odalar		30	35	40
	Toplantı salonları		30	35	40
Hastaneler	Özel odalar		25	30	35
	Ameliyathaneler, koğuşlar, bekleme salonları, koridor		30	35	40
Bürolar	Genel		35	40	50
	Yönetici büroları		30	35	40
	Konferans odaları		25	30	35
	Hol ve koridorlar		35	45	55
	Hesap merkezleri		40	50	60
Oditoryum ve konser salonları	Konser ve opera salonları		20	22	25
	Ses kayıt stüdyoları		20	22	25
	Tiyatrolar		25	27	30
	Sinemalar, konferans salonları		30	32	35
	Fuayeler		35	40	45
Camiler	İbadet salonları		20	25	30
Okullar	Derslikler		30	35	40
	Laboratuarlar		35	40	50
	Koridorlar ve holler		35	45	50
	Kitaplıklar		30	35	40
Eğlence binaları	Lokantalar, gece kulüpleri		35	40	45
	Kafeteryalar		40	45	50
Mağazalar	Çok katlı mağazalar	Üst katlar	35	40	45
		Zemin katlar	40	45	50
	Ufak dükkanlar		40	45	50
	Süper marketler		40	45	50
İmalathaneler	Kontrol şefi bürosu		40	45	50
	Hafif makinalar		45	60	70
	Dökümhaneler, ağır makinalar		55	65	75

Aşağıda gösterilen NC eğrilerinin sayısal tanımı konuşma algılaması için son derece önemli frekanslar olan 1000, 2000 ve 4000 Hz de kendi ses basınç seviyelerinin aritmetik ortalamasıdır. NC oranı bir gürültü ölçümü için NC eğrilerinin çizilmiş ses spektrum noktalarıyla karşılaştırılarak bulunabilir. NC oranı ses spektrum noktası tarafından aşılmayan en düşük NC eğrisidir [6].

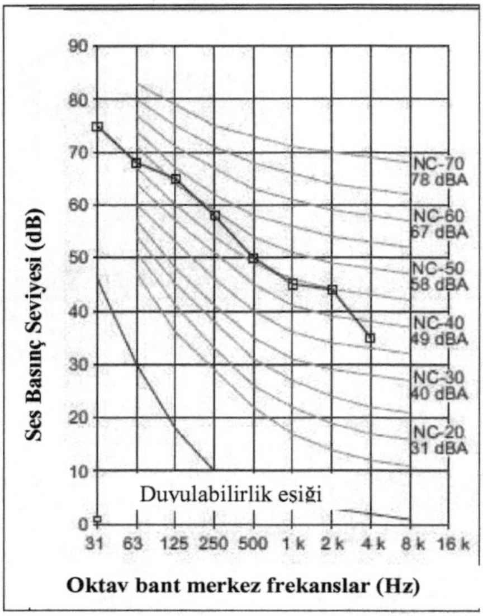

Şekil 2.2. NC eğrileri grafiği [7]

RC Gürültü Düzeyi Kriteri

RC gürültü düzeyi kriteri, ısıtma, havalandırma ve iklimlendirme sistemlerinin oluşturduğu sürekli gürültüleri (HVAC); ölçülmüş ses basınç seviyelerine, frekans spektrumunun şekline, tonal içeriğe ve düşük frekanstaki titreşimlere bağlı olarak değerlendirmek için kullanılır. Bu alçak ve yüksek frekanslarda NC ve PNC eğrilerinden farklılık gösterir. RC eğrileri iyi bir denge için yaklaşık değerler olup, yumuşak ses spektrumları ile arka plandaki sesleri maskelemesi için kullanılmaktadır. Ses kalitesi için en uygun denge eğrinin şekli bütün frekans aralığında 2dB daha yüksek kabul ederek bulunabilir. Düşük frekanslarda (31,5-250 Hz) eğriyi 5dB geçerse bu büyük bir ses seviyesi olacaktır. Eğer ses seviyesi yüksek frekansta (2000-4000 Hz) 5dB geçerse bu ses tıslama sesi gibi olacaktır. Her hacim için RC değerleri değişiklik gösterebilir. Dış duvarlar aracılığıyla ses geçişi azaltılabilir ya da binanın sessiz yerleri için bu değer ayarlanabilir. Gürültülü bir çevredeki bir ortam için bu değerlerin 5dB kadar artması da kabul edilir. Çizelge 2.5.'deki değerler havalandırma sabit ve kendi içinde yalıtılmış olarak kabul edilip, hesaplanmıştır. Daha sıkı limitlerde ani ve rahatsız edici sesler düşünülürse, 5-10dB arası daha düşük değerler tercih edilir [1,6].

Çizelge 2.5. Havalandırma gürültüsüne karşı tavsiye edilen iç mekan değerleri [1]

Alan Çeşitleri		Tavsiye edilen RC veya NC kritik aralığı	Tipik A değeri ile birleştirilmiş kritik aralığı
1. Özel konutlar		25 ile 30	30 ile 35
2. Apartmanlar		30 ile 35	35 ile 40
3. Oteller/Moteller	a) Bireysel odalar/süitler	30 ile 35	35 ile 40
	b) Toplantı odaları	30 ile 35	35 ile 40
	c) Holler, koridorlar, lobi	35 ile 40	40 ile 45
	d) Servis alanları	40 ile 45	45 ile 50
4. Ofisler	a) Yönetici	25 ile 30	30 ile 35
	b) Konferans odaları	25 ile 30	30 ile 35
	c) Özel odalar	30 ile 35	35 ile 40
	d) Açık plan ofisler	35 ile 40	40 ile 45
	e) Bilgisayar / büro makine alanları	40 ile 45	45 ile 50
	f) Kamu dolaşım alanları	40 ile 45	45 ile 50
5. Hastaneler ve klinikler	a) Özel odalar	25 ile 30	30 ile 35
	b) Koğuşlar	30 ile 35	35 ile 40
	c) Operasyon odaları	25 ile 30	30 ile 35
	d) Laboratuvarlar	30 ile 35	35 ile 40
	e) Koridorlar	30 ile 35	35 ile 40
	f) Kamu alanları	35 ile 40	40 ile 45
6. Kiliseler		25ile 30*	30 ile 35
7. Okullar	a) Derslikler ve amfiler	25 ile 30	30 ile 35
	b) Açık plan derslikler	30ile 35*	35 ile 40
8. Kütüphaneler		30 ile 35	35 ile 40
9. Konser salonları		30 ile 35	35 ile 40
10. Tiyatrolar		30 ile 35	35 ile 40
11. Kayıt stüdyoları		30 ile 35	35 ile 40
12. Sinema salonları		30 ile 35	35 ile 40

*** Değerler masraflara dikkat edilerek 5 dB daha arttırılabilir.**
*** Özel alanlarda bir uzmana danışılmalıdır.**

Şekil 2.3.'de A alanında, çoğunlukla duvarlarda ve tavanda titreşimler oluşacak, B'de ise daha az titreşim hissedilecektir. NC den farklı olarak, farklı spektrumların benzer değerler sağladığı durumlarda, RC eğrileri kullanılır. RC değeri, 500-2000 Hz arası ses spektrumuyla karşılaştırılarak en yakın RC eğrisine bağlı olarak bulunur [1,6].

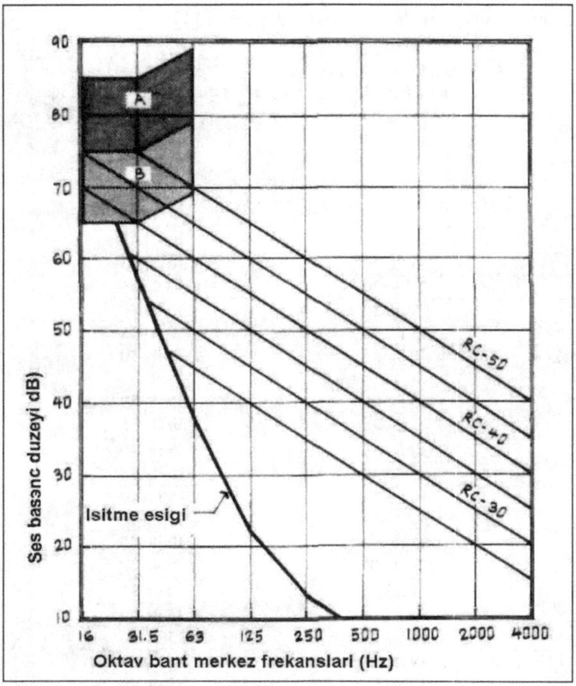

Şekil 2.3. RC Gürültü düzeyi kriteri [6]

NR Gürültü düzeyi kriteri

Bir başka iç ortam gürültü düzeyi kriteri de "NR gürültü düzeyi kriteri" dir. Bu eğrinin kullanımı da yine kapalı mekânlardaki fonksiyonlar içindir. Aslında NC, PNC ve NR eğrileri arasında fazla bir fark bulunmamaktadır [1].

Çizelge 2.6. İç ortam gürültü düzeyi için NR değerleri [8]

İç ortam gürültüsü için uygun kullanım	NR
Kayıt ya da yayın için stüdyo alanları	15 dBA
Konser salonları	15-20 dBA
Tiyatrolar, çok amaçlı salonlar, konferans odaları, mahkeme salonları	25 dBA
Hastane koğuşları, otel yatak odaları, kütüphaneler	25-30 dBA
Sınıflar, küçük gruplar için oturma odaları, yönetici ofisleri, evler	30 dBA
Restaurantlar, açık plan ve genel ofisler	35 dBA
Kafeteryalar, sirkülasyon alanları	40 dBA
Mutfaklar, tuvaletler ve atölyeler, bilgisayar odaları	45 dBA
Otoparklar, alışveriş merkezleri, otobüs, tren ya da havaalanı koridorları	50 dBA
Ofis (baskı odası)	55 dBA
Atölye çalışmaları, endüstriyel yerler	65 dBA

Ses basınç seviyesini belirlemek için üç yöntem kullanılır:

- Toplam ses basınç seviyesinin ölçülmesi: Ses basınç seviyesi doğrudan dBA, dBB, dBC cinsinden ölçülür, fakat frekans dağılım konusunda bilgi vermez.
- Gürültünün NC, PNC ve NR değerlerinin belirlenmesi: Gürültünün bu değerlerini belirlemek için gürültünün oktav bant analizlerini yapmak gerekmektedir.
- Stevens'ın geliştirdiği yöntemi kullanarak ses yüksekliği ve ses yükseklilik seviyesinin bulunması: Bunun için de sesin frekans bant analizini yapmak gerekmektedir [1].

Bu anlatılan üç değer birbirine tam olarak çevrilmemektedir. Çünkü üçünün de dayandığı temel farklıdır. Buna karşılık aşağıda verilen yaklaşık bağıntılar kullanılabilir:

NR değeri = ses basınç seviyesi (dBA) -5 (2.12)

NC değeri = ses basınç seviyesi (dBA) -6 + 2 (2.13)

Ses yüksekliği seviyesi (phon) = 1,05 x ses basınç seviyesi (dBA) + 10 (2.14)

ya da

Ses yüksekliği seviyesi (phon) = ses basınç seviyesi (dBA) + 12+2 (2.15)

PNC = 1,14 ses basınç seviyesi (dBA) -15

Ses basınç seviyesi (dBA) = 0,88 PNC +13 (2.16)

PNC= 0,9NR + 5,7

NR = 1,1 PNC - 5,7 (2.17)

[1].

NCB Dengelenmiş gürültü düzeyi kriteri

NCB Dengelenmiş gürültü düzeyi kriteri, bir hacmin iç ortam gürültü düzeyini belirlemek ve değerlendirmek için kullanılır. Aynı zamanda, kullanıcılardan kaynaklanan gürültüyü de içermektedir. NCB eğrileri, NC eğrilerine, iki alçak frekans oktav bant eklenerek ve yüksek frekanslarda kabul edilebilir gürültü seviyeleri düşünülerek, eksiklikler giderilerek geliştirme amacıyla uygulanmıştır. NCB sınıflandırma prosedürü, SIL, konuşma girişim düzeyi parametresine gümbürtü ve ıslık şikayetleri için öngörülen ek deneylere dayanılarak belirlenir. Fakat dengelenmiş gürültü düzeyi kriterini belirlemek için yapılan ses basınç seviyesi ölçümleri, tefriş edilmiş dolu bir odada yapılmaktadır [1,9].

Çizelge 2.7. Farklı aktivite yerlerine göre uygun görülen NCB eğrileri [1]

MEKÂN TİPİ	NCB EĞRİSİ	dBA
Haber ve kayıt stüdyoları (uzak mesafeli mikrofon kullanılan)	10	18
Konser salonları, opera evleri, resital salonları	10-15	18-23
Bütük tiyatrolar, kiliseler ve oditoryumlar	<20	<28
Televizyon ve kayıt stüdyoları (yakın mesafeli mikrofon kullanan)	<25	<33
Küçük tiyatrolar, oditoryumlar, kilise, müzik ve gösteri salonları, büyük toplantı ve konferans salonları	<30	<38
Yatak odaları, hastaneler, hoteller, apartmanlar	25-40	33-48
Sınıflar, kütüphaneler, küçük ofisler, konferans salonları, konutlarda oturma odaları ve çizim odaları	30-40	38-48
Büyük ofisler, resepsiyonlar, satış dükkânları, kafeterya ve restoranlar	35-45	43-53
Lobiler, laboratuarlar, taslak odaları, genel ofisler	40-50	48-58
Mutfaklar, çamaşırhane, bilgisayar dükkânları	45-55	53-63
Dükkânlar, garajlar vb.	50-60	58-68
Konuşmanın gerekli olmadığı çalışma mekânları	55-70	63-78

2.3. Yapılarda Gürültü Kontrolü

Bir mekân içinde, dışarıdan veya bina içindeki herhangi bir yerden gelen sesler iki bölümde sınıflandırılabilir: Havada Sesin Yayılması ve Katılarda Sesin Yayılması.

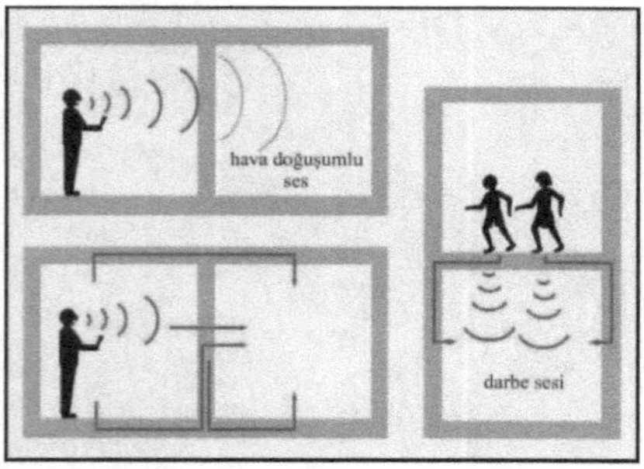

Şekil 2.4. Bitişik odalar arasındaki yayılan ses [10]

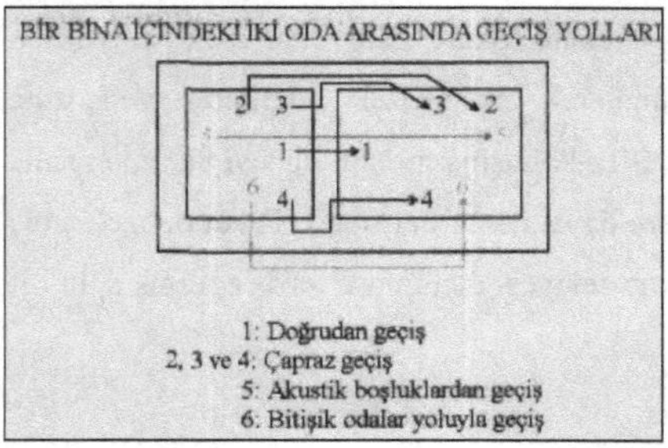

Şekil 2.5. Ses dalgalarının geçiş yolları [1]

2.3.1. Havada yayılan sesin kontrolü

Seslerin havada yayılması, açıklıklardan geçme ve cidar titreşimi olmak üzere iki şekilde olabilmektedir. Açıklıklardan geçme, mekân içindeki kesintisiz ortamlar sayesinde sesin kaynaktan alıcıya ulaşması olarak tanımlanabilir. Bu ortamlara havalandırma kanalları, açık pencere ve kapılar örnek verilebilir. Cidar titreşimi ile geçme, havada yayılan ses enerjisinin karşılaştığı kütleyi titreşime zorlaması, titreşen kütlenin diğer taraf için ses kaynağı durumuna gelmesi sonucunda sesin iletilmesidir. Cidar titreşimi yolu ile yayılmada, temelde cidarın (duvar, döşeme, kapı, pencere) kütle ağırlığı ile ilgilidir. Başka bir ifadeyle bir yapı elemanının ses geçiş kaybı o yapı elemanının kütle ağırlığı ile doğru orantılıdır [11,12].

Havada yayılan sesler, iki şekilde incelenebilir:

- Açık pencereler, şaft ya da asansör boşlukları, tesisat sisteminin strüktürle birleştiği noktalardaki çatlak ve delik gibi açıklıklar yolu ile havada yayılan sesler,
- Bölücülerin diyaframsal etkiyle yaydığı sesler (Bir bölücüye gelen ses, o bölücüyü ileri veya geri hareket ettirerek, sesin diğer mekâna aktarılmasını sağlar) [1,10,13].

Tek katmanlı yapı elemanlarında sesin yayılması ve kontrolü

Tek katmanlı yapı elemanları; betonarme veya yığma yapılmış duvarlar ve tek katmandan oluşan alçıpandan yapılmış hafif iç duvarlara denilmektedir. Duvarın kütlesi birim alandan daha yüksek ise, ses yalıtım değeri de yüksektir [14].

Yapı elemanlarının, birim alanının sahip olduğu kütle ağırlığı, yaklaşık 200 kg/m^2 den daha büyük olduğunda ses azaltma indeksi R_w= 45dB'i geçmektedir. Kalın duvarlar için, ses azaltma indeksi kütle çiftse yaklaşık 11dB'e kadar artmaktadır [14].

Döşemeler veya duvarlar gibi, yapı elemanları üzerinde, yapım aşamasında oluşan;

- Çatlaklar veya delikler gibi küçük açıklıklar nedeniyle ve
- Tuğla duvarların derzlerinde bırakılan küçük boşluklar nedeniyle

yapı elemanlarının, ses azaltma indeksi (R_w) değerlerinde büyük sapmalar oluşmaktadır. Ek rezonans etkilerinden dolayı, düşey, delikli, kil tuğlalar yalıtım için gereklidir. Bu gibi durumlarda, ses yalıtımı ve aynı zamanda komşu mekânlardan geçişlerin etkisi, test sertifikaları yoluyla üretici tarafından doğrulanması gerekir [14].

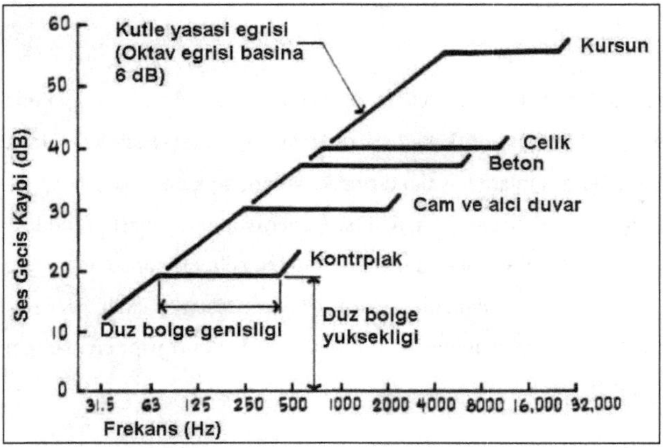

Şekil 2.6. Eşit yüzey ağırlığında birkaç malzeme için ses geçiş kaybı (R_w) [6]

Grafikteki eğri, çoğunlukla tekil veya homojen duvarlar için ses geçiş performansını üç ana bölümde açıklamaktadır:

1. Oktav eğrisi başına yaklaşık 6dB düşen, düşük frekans kütleye bağlı olan bölgedir.
2. Malzemenin bükülme sertliğine ve iç nemine bağlı olan, nispeten sabit ses geçiş kaybı (R_w) olan düz bölgedir.
3. Oktav eğrisi başına yaklaşık 10dB düşen, düz bölge üzerindeki (aynı zamanda kütleye bağlı) kritik frekans bölgesidir [6].

Bir duvar ne kadar sert ise ve düz bölge yüksekliği (plateau height) ne kadar düşük ise, ses yalıtımı performansı o kadar zayıftır. Bunun tersine, bir malzeme ne kadar esnek ise, o kadar yüksek düz bölge yüksekliğine ve o kadar iyi ses yalıtımı performansına sahiptir. Eğrilerde gösterildiği gibi, kurşun en yüksek düz bölge yüksekliğine ve eşdeğer ağırlık bazında en iyi ses yalıtım performansına sahiptir. Bir duvar ne kadar nemli ise, (örneğin iç sürtünmeden kaynaklanan enerji kaybı) düz bölge genişliği ne kadar dar ise, ses yalıtımı performansı o kadar iyi sonuç vermektedir. Kontrplak ve kurşunun çelikten daha kısa düz bölge genişliğine sahip olduğuna dikkat ediniz. Örneğin, metal havalandırma kanalları zayıf ses yalıtıcılar ve gürültülü alanlardan geçmeleri durumunda alçı levha ile çevrelenerek kaplanmaları önerilmektedir [6].

Homojen malzemelerin 500 Hz' deki R_w değeri şu formül ile hesaplanabilmektedir.

$$R_w = 20 + 20\log G \qquad (2.18)$$

(R_w = 500 Hz te dB cinsinden ses azaltma indeksi (ses geçiş kaybı)

G = birim ağırlık (kg/cm^2)

Yaygın yapı elemanlarının birim ağırlıkları: (G değerleri)

Tuğla: 0,0048 kg/cm^2 (1 cm kalınlık için),

Beton blok: 0,0029 ile 0,0058 kg/cm^2 (1 cm kalınlık için),

Kontraplak: 0,0014 kg/cm^2

Plaster -alçı sıva veya sıva-: 0,0043 kg/cm^2

Ses köprülerinin tıpkı su sızıntıları gibi önlenmesi gereklidir. Çünkü ses, her boyuttaki açıklıktan, küçük kayıplarla ilerlemektedir. Her ev sahibinin de bildiği gibi, en pahalı çatı örtü sistemi bile, yağmur yağarken, yalnızca 1 küçük deliği var ise, su akıtacaktır. Ses için, yalıtıcı olarak katı bir konstrüksiyon ne kadar etkin ise, ses köprüsü de o kadar önem kazanmaktadır. Örneğin, 9,29 m^2'lik bir alçı panel bölmedeki 6,45 cm^2 bir delik, panelin geri kalan bölümü kadar çok ses geçirebilir, dolayısıyla ses yalıtım etkinliğini yok etmektedir. Sonuç olarak, ses yalıtımı gerektiğinde, yapı elemanları üzerindeki çatlaklar ve açıklıklar kapatılmalıdır. Sırt sırta elektrik prizlerinden kaçınılmalı ve tüm diğer olası ses köprüleri engellenmelidir. Duvarların, döşeme ve asmatavan ile birleşim noktalarında, yapım aşamasında oluşabilecek "ses köprüleri", aşağıdaki şekiller ile açıklanmaktadır [6].

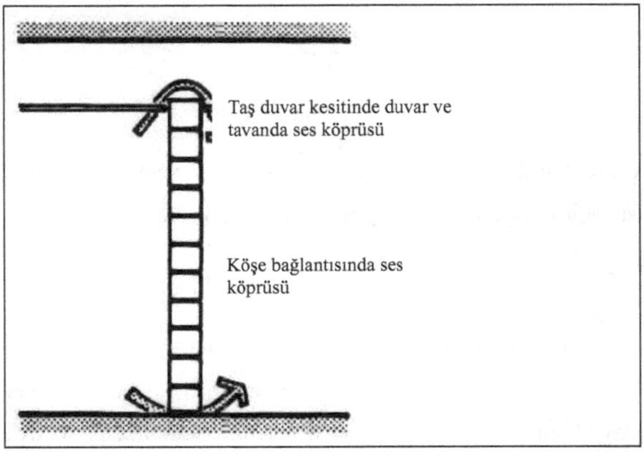

Şekli 2.7. Duvarlarda ses köprüleri [6]

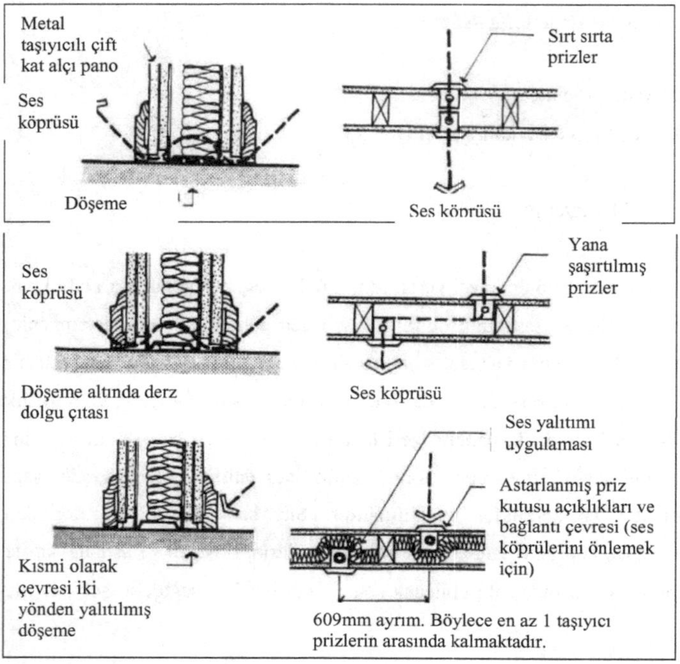

Şekil 2.8. Duvarlarda ses köprüleri örnekleri [6]

<u>İki katmanlı yapı elemanlarında sesin yayılması ve kontrolü</u>

Hava boşluklu çift katmanlı duvarlarda, duvarın ses geçiş kaybı, bulunulan frekans aralığında, duvar katmanlarının özelliklerine, katmanların birbirlerine bağlanış yöntemine ve aradaki hava boşluğunun genişliğine bağlı olarak değişir [1].

Çok düşük frekanslarda ve aradaki hava boşluğunun genişliği sesin dalga boyundan küçük olduğu durumlarda hava tabakası iki katmanı bağlayan yumuşak bir yay gibi davranır. İki panelde de ses geçiş kaybı malzeme kütlesi tarafından kontrol ediliyorsa, duvarın kütle kanununa uyduğu düşünülebilir. Bu özellik, çok hafif katmanlı ve hava tabakası genişliği çok küçük olan paneller için geçerlidir. Fakat bu ikinci bir sorunu beraberinde getirmektedir. Bu sorun kütle-hava-kütle rezonansı veya çift tabakalı duvar rezonansı olarak isimlendirilmektedir [1].

Orta frekans bölgesinde ses geçiş kaybı, karakteristik empedanslarının uyumsuzluklarına bağlı olarak değişmektedir. Bundan dolayı hava tabakalı çift duvar uygulaması iyi sonuçlar vermektedir.

Fakat yine de alınan sonuçlar teorik hesaplardaki kadar yüksek olamamaktadır. Bunun nedeni, duvar panellerinin birbirlerine bağlanmış olması ya da aradaki hava tabakasının bağlantı görevi görmesi olabilmektedir [1].

Yüksek frekans bölgesinde, hava tabakalı çift katmanlı duvarlarda düşük frekanslardaki ses geçiş kaybı tek tabakalı hafif panel kadar olmakla beraber yüksek frekanslarda ses geçiş kaybı iyileşir [1].

Bir duvarın R_w değeri, duvar katmanlarının çift duvar konstrüksiyonu meydana getirecek şekilde, hava boşluğu ile ayrılması ile artırılabilmektedir. Aşağıda gösterilen ahşap taşıyıcılı duvarlarda ses geçiş kaybı (ses azaltma indeksi) değeri, aralıktaki hava boşluğunun genişliği arttıkça artacaktır. Hava boşluğuna ses yutucu malzeme ilave edilir ise, ses geçiş kaybı değerinde daha çok artış meydana gelecektir. Çünkü ses yutucu malzeme, sesin hava boşluğunda yayılmasını önlemektedir [1,6].

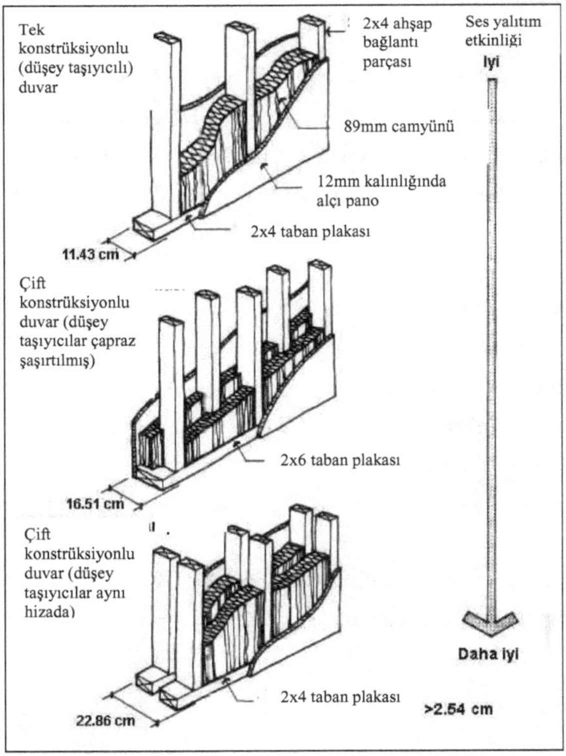

Şekil 2.9. Katmanlı duvar örneklerinin karşılaştırılması [6]

Çift konstrüksiyonlu (düşey taşıyıcılı) duvarlar; birbirinden bağımsız olan, düşey taşıyıcılar arasındaki hava boşluğu nedeniyle, sesin bir katmandan diğer katmana geçişini önlemektedir [6].

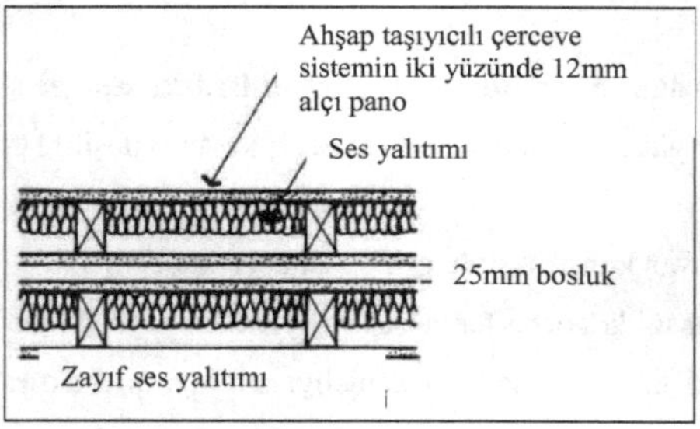

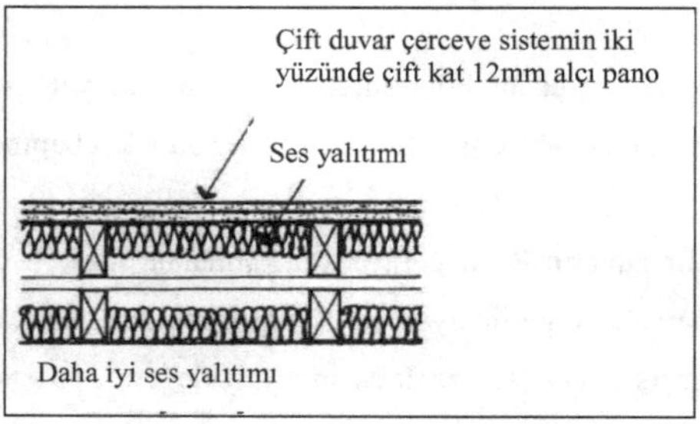

Şekil 2.10. Çift duvarlar için ses azaltma indeksi (ses geçiş kaybı) R_w [6]

<u>Üç ya da daha fazla katmanlı yapı elemanlarında sesin yayılması ve kontrolü</u>

Yapı konstrüksiyonlarının ses geçiş kaybı değerlerini arttırmak için, farklı malzemelerden oluşan üç veya daha fazla tabaka kullanılabilir. Ancak maliyet, ağırlık ve yer gibi problemler sınırlayıcı olmaktadır. Bu yüzden seyrek olarak kullanılabilir. Tek tabakanın R_w'sini düzeltmek için kütlesinin iki ya da üç katı gerekebilir. Bu nedenle, eğer yüksek dereceli yalıtım isteniyorsa çok katmanlı duvarlar tavsiye edilmektedir [1].

Çok katmanlı duvarlarda uyulması gereken koşullar:

- Toplam ağırlık olabildiğince fazla olmalıdır.
- Tabakalar arasında ayırımın sürekli olması gerekir.
- Tabakalar arasında maksimum mesafe olmalıdır.
- Hava boşluğunda ses yutucu malzemeler konulmalıdır.
- Tabakalar farklı malzemelerden veya aynı malzemeler ama farklı kalınlıklarda yapılmalıdır.
- Tabakalar ayaklara ya da başka bir tanesine esnek olarak bağlanmalıdır.
- Bölmelerin sertlikleri çakışma etkisini mümkün olduğu kadar minimize etmek için belirlenmelidir [1].

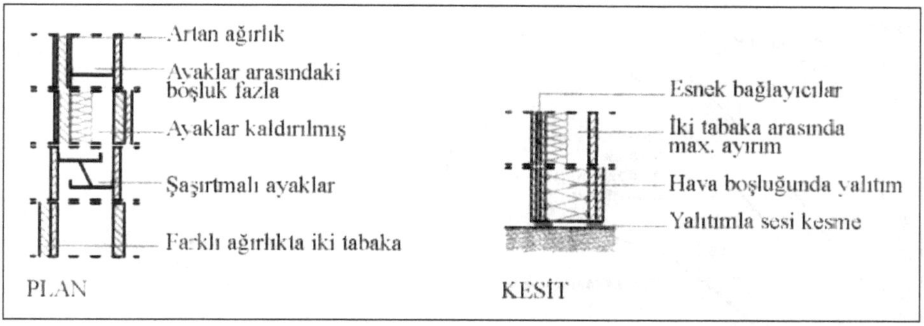

Şekil 2.11. Çok katlı elemanlar [1]

Çift ahşap dikmeli sistemde, dışarıdan ikinci alçı pano takviyesi yapılırsa eğer daha iyi performans elde edilebilir. Ancak içeriden ekleme yapılmamalıdır. Çünkü bu şekilde içeride ses köprüsü olabilecek bir kanal oluşur ve 250 Hz altındaki frekanslarda R_w, 10dB düşer [1].

Verilen örnek konstrüksiyonlarda, 20,32 cm kalınlığında tuğla duvarın ses geçiş kaybı performansı, direkt sesin geçiş yolunun kesilmesiyle artırılmaktadır. Yalıtım, eşit ağırlıkta 2 ayrı duvarın 10,16 cm kalınlığında hava boşluğuyla ikiye ayrılmasıyla 10,16 cm kalınlığında tuğla katmanı oluşturarak veya bir 1,27 cm kalınlığında alçı levha katmanın 20,32 cm kalınlığında duvara ses yalıtımı ve esnek bağlantı ile ilave edilmesiyle büyük ölçüde geliştirilebilir [6].

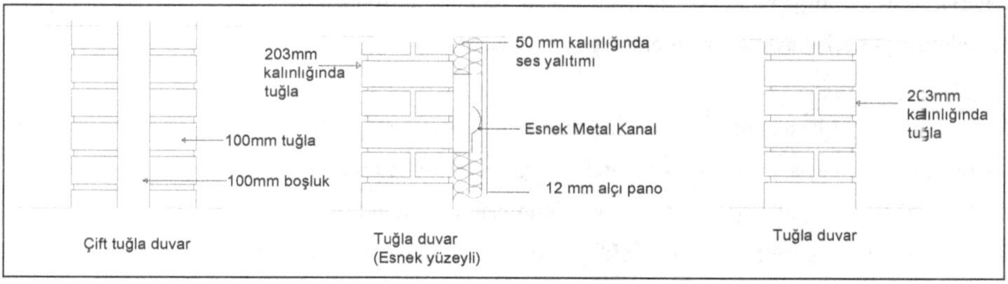

Şekil 2.12. Duvar örnekleri [6]

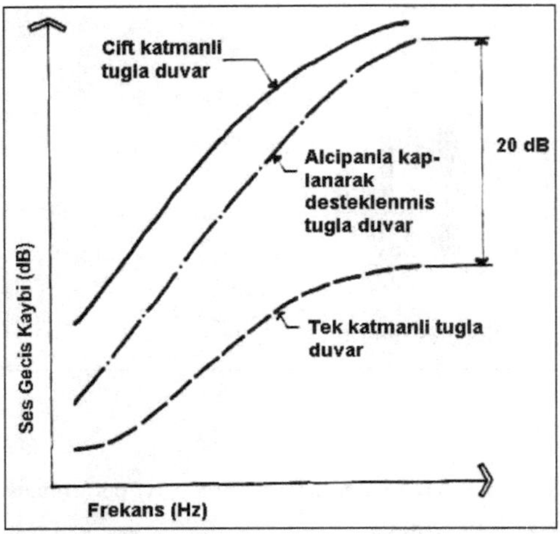

Şekil 2.13. Duvarların ses geçiş kaybı eğrileri [6]

Bileşik cidarlı yapı elemanlarında sesin yayılması ve kontrolü

Bir cidar, duvar+kapı, duvar+pencere, değişik kesitli bölme vb. gibi ses geçiş kaybı değişen öğelerden yapılmış olabilir. Bunlara bileşik cidar denmektedir. Bileşik cidarların ses geçiş kaybı değerleri (R) arasında büyük bir ayrım varsa, ses geçiş kaybı değeri az olan cidar küçük de olsa, cidarın bütününün ses geçiş kaybı büyük oranda azalır. Çünkü ses geçiş kaybı birimi (dB) logaritmasal bir büyüklük olduğundan bileşik cidarların toplam ses geçiş kayıpları, değişik parçaların ses geçiş kayıplarının toplamı gibi düşünülemez [15].

Yapı kabuğunun bileşik cidar olmaması durumunda; dolu alanlar yeterli ses geçiş kaybı sağlasa bile bu duvarda ses geçiş kaybı az olan ufak bir gerecin kullanılmasıyla toplam ses geçiş kaybının düştüğü gözlenmektedir. Bu nedenle, yapıların hareketliliğinde bileşik cidar söz konusudur ve özellikle dış çevre gürültüsünün çok olduğu yol, cadde, meydan gibi yerlerdeki yapılarda, iç çevre gürültü seviyelerinin düşük olması isteniyorsa, bileşik cidarın ses geçiş kaybı yüksek olmalıdır. Bileşik cidarın ses geçiş kaybı yüksek olması için, cidarların ayrı ayrı ses geçiş kayıplarının yüksek ve birbirlerine yakın olması gerekmektedir. Bundan dolayı, kütlesi fazla olan dolu alanların kütlesini daha da arttırmak ses yalıtımı bakımından yarar sağlamaz, buna karşılık pencerelerin ses geçiş kaybı değerini arttırmak için önlem almak gerekir [15,16,17].

Açıklıklardan (kapı ve pencere gibi) mekâna giren sesler önemlidir ve bu değerler bölücünün ses yalıtım değeri üzerinde çok etkilidir. Aynı zamanda, kapıların etrafında oluşan küçük delik ve çatlaklar, ses geçişini etkiler. Bazı sesler, bir bölücüden geçerken, kimi zaman tüm strüktürü titreştirmez. Ses, ses geçişi açısından zayıf olan cam bölümlerden geçebilir. Bunun gibi küçük deliklerin gürültünün bina içerisine girmesinde ne kadar etkili olduğu görüldükten sonra, kapı ve pencerelerin, boruların ve tesisat sistemlerinin çevresinde bulunan deliklerin, akustik açıdan çok iyi yalıtılması gerekliliği ortaya çıkmaktadır [1,10,13].

Bir konstrüksiyonda, bir pencere veya kapı gibi zayıf bir eleman kullanıldığında, bu kombinasyonun kompozit R'si genellikle güçlü elemandan çok zayıf elemanın R'sine yakındır. Kompozit R şu şekilde bulunabilir [1,6]:

$$\boldsymbol{KompozitR = 10\ log\ \frac{\sum s}{\sum \tau s}} \qquad (2.19)$$

R = ses azaltma indeksi-ses geçiş kaybı (dB)

S= yüzey alanı m^2

τ = ses geçiş katsayısı (birimi yok)

R=50dB olan tuğla duvar ile R=20dB olan tek cam kombinasyonu aşağıda gösterilmiştir. Camın sağladığı ses yalıtımı, tuğlanın sağladığı ses yalıtımından oldukça düşük olduğu için, sadece 1/8 oranında cam (veya duvar yüzey alanının %12,5'i), kompozit konstrüksiyonun ses yalıtım performansını 29dB'e düşürmektedir [6].

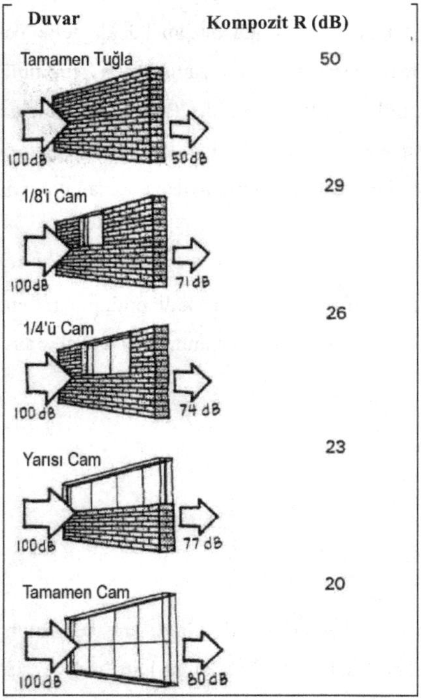

Şekil 2.14. Örnek duvarların R değerleri [6,18]

Kompozit Duvarlar için R Tablosu

Aşağıdaki grafik ile kompozit duvarların R değerleri hesaplanabilmektedir. Örnek problemi çözmek için, öncelikle zayıf bileşenin yüzdesi bulunur (cam 1,16 m^2): 12,5/100= %12,5. Daha sonra, zayıf bileşenin R_w değeri (cam) güçlü olan bileşenin R_w değerinden (tuğla) çıkartılır: 50-20=30dB. Skalanın alt kısmından 30dB ile % 12,5 eğrisinin kesişimi bulunur. Daha sonra karşısındaki dikey skaladaki değeri okunup, yüksek olan R değerinden çıkartılması ile kompozit R değeri elde edilmektedir. (Grafikte kesikli çizgi ile gösterilmiştir). Böylece kompozit R değeri, 50-21=29dB olacaktır. Bu grafik, iki bileşenin R değeri için kullanıldığı gibi, çok katmanlı konstrüksiyonlarda kompozit R değerini bulmak için de kullanılabilmektedir [6].

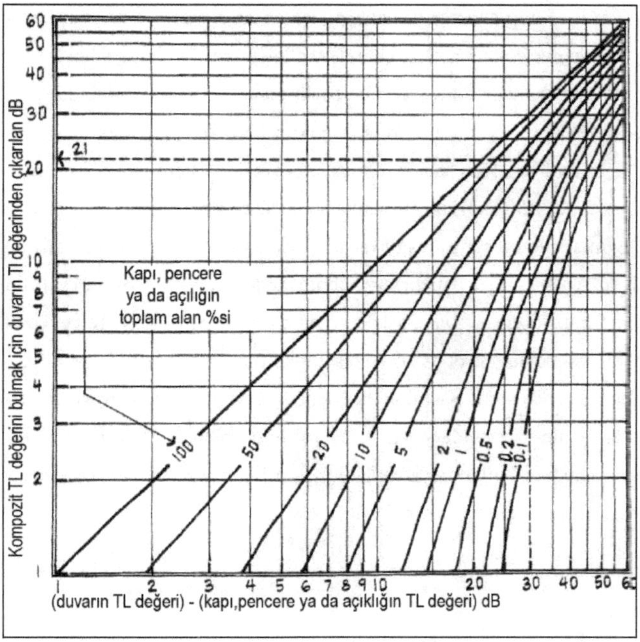

Şekil 2.15. Kompozit duvarlar için R değerleri [6]

Pencereler

Ses yalıtımlı pencereler, BS EN ISO 140-3:1995'e göre ses azalım indeksinin ölçümüne göre değerlendirilebilir. Uygun pencereler hesaplanarak seçilirken, cam için ölçülmüş veriler ile pencereler için ölçülmüş veriler arasındaki ayrım iyi yapılmalıdır. İnce cam kalınlığı ile istenen ses yalıtımını elde etmek için genellikle hava (ya da başka bir gaz) ile ayrılmış iki katman cam kullanılabilir. Teoride, pencere camları arasında daha geniş boşluk bırakılması, daha iyi ses yalıtımı sağlamaktadır. Fakat pratikte çift cam arasındaki boşluğun kalınlığı 6 mm-16 mm arasındaki ölçülerde fazla değişiklik göstermemektedir. Daha büyük genişlikler daha iyi performans sağlarken, mevcut binalarda; ikincil cam giydirme, mevcut tek cam pencereleri çift cam ile değiştirmeye alternatif olarak kullanılabilir. İkincil cam giydirmenin performansı camın kendi kalınlığı ve iki cam katmanı arasındaki hava boşluğunun boyutuna bağlıdır. Bir diğer alternatif olarak mevcut pencereleri yerinde bırakarak, pencere boşluklarının iç tarafına tamamen yeni bir çift cam pencere sistemi kurulabilir. Ses yutucu pervazlar, çift cam pencerenin performansını arttırmaktadır. Fakat bu performans yüksek frekanslı bölgelerde ortalama bir değerde kaldığından, karayolu trafiği ya da uçak gürültüsünde etkisi olmamaktadır. En uygun performans, pencerelerin içindeki cam yüzeylerin çevrelerinin hava sızdırmazlığı sağlanarak ve bu camları çevreleyen kasaların da pencere boşlukları ile olan derzleri uygun şekilde yalıtılarak sağlanabilir. Neopren baskı contalar fırçalara göre daha iyi hava sızdırmazlığı sağlamaktadır. Pencere kasasının kendi iç kuruluşu da aynı şekilde hava sızdırmazlığını sağlayacak şekilde olmalıdır. Hem pencere kasası çevresinde hem de bu kasaların yerleştiği boşluğun çevresinde hava sızdırmazlığının sağlanması eşit derecede önemlidir. Pencere boşlukları, pencere kasasının uygun şekilde tespitini sağlayacak şekilde açılmış olmalı ve kasa ile arasında olabilecek boşluklar, mütemadi hava sızdırmaz conta uygulanmadan önce, yalıtım malzemesi ile doldurulmalıdır. Cam, lastik veya başka yumuşak bir parça ile çerçeveden ayrılmalıdır. İki cam panel arasındaki boşluğun etkisi oldukça büyüktür. Boşluk ne kadar büyük olursa, ses geçiş kaybı da o kadar fazla olacaktır. Kısmi açılan, karşılıklı kanatlı, tek cam ya da çift cam pencereler için laboratuvarda ölçülmüş havada yayılan ses yalıtımı yaklaşık 10-15dB'dir. Bu değer kısmi havalandırma açılımlı, kanatların plan veya cephede şaşırtıldığı, ses yutucu pervazlı bir ikincil cam giydirme sisteminde 20–25dB'e çıkmaktadır [13].

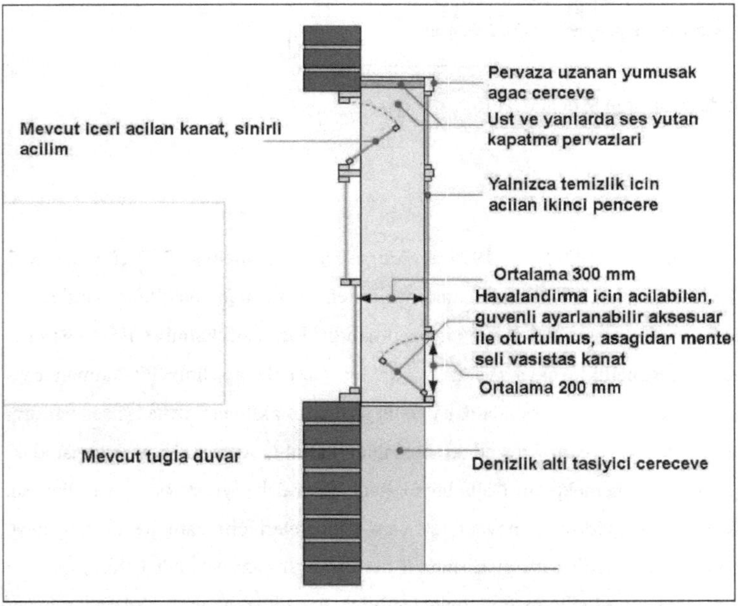

Şekil 2.16. Şaşırtmalı hava akımı sağlayan çift cam [10,13]

Şekil 2.16. ve Çizelge 2.8.'de, bazı tipik cam konstrüksiyonları için ses yalıtım değerleri gösterilmiştir [10,13].

Çizelge 2.8. Bazı tipik cam konstrüksiyonları için ses yalıtım değerleri [10,13]

Ağırlıksız ses azaltımı, R_w (dB)		**Cam-tipik konstrüksiyon çeşitleri**
25		4 mm tek tabaka cam (yalıtılmış)
28	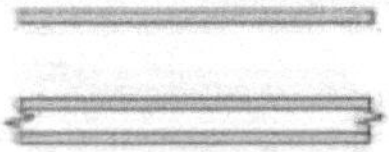	6 mm tek tabaka cam (yalıtılmış) 4/12/4: 4 mm cam/12 mm hava boşluğu /4 mm cam
30		6/12/6: mm cam/12 mm hava boşluğu/6 mm cam 10 mm tek tabaka cam (yalıtılmış)
33		12 mm tek tabaka cam (yalıtılmış) 16/12/8:16 mm cam/12 mm hava boşluğu cam/8 mm cam
35	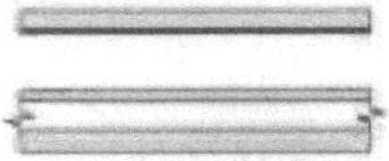	10 nm lamine tek tabaka cam (yalıtılmış) 4/12/10: 4 mm cam/12 mm hava boşluğu/10 mm cam
38		6/12/6: mmcam/12 mm hava boşluğu/10 mm cam 12 mm lamine tek tabaka cam (yalıtılmış)
40	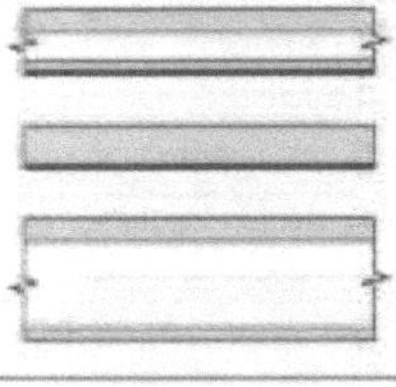	10/12/6 lam: 10 mm cam/12 mm hava boşluğu/6 mm lamine cam 19 mm lamine tek tabaka cam (yalıtlımış) 10/50/6: 10 mm can, 50 mm hava boşluğu/6 mm cam)
43	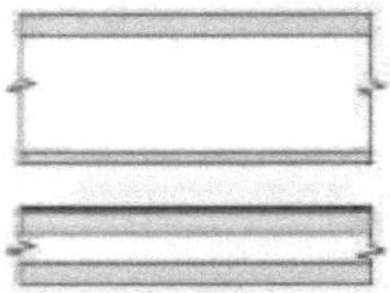	10/100/6: 10 mm cam/100 mm hava boşluğu/6 mm cam 12 lam/12/10: 12 mm lamine cam/12 mm hava boşluğu/10 mm cam
45	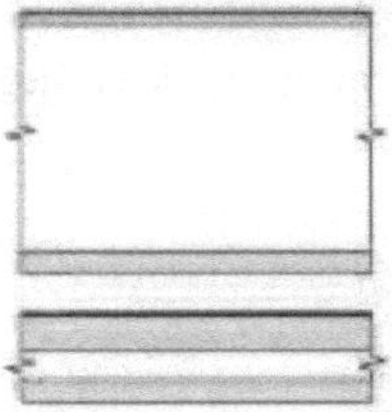	6 lam/200/10: 6 mm lamine cam/200 mm hava boşluğu/10 mm+yutucu yüzeyler 17 lam/12/10: 17 mm lamine cam/12 mm hava boşluğu/10 mm cam

Aşağıdaki çizelgede pencereler için STC değerleri özetlenmektedir. En yüksek STC değeri, farklı kalınlıktaki cam katmanları arasındaki geniş boşluklar ile oluşturulan çift camla, en düşük STC değeri ise, aynı kalınlıktaki cam katmanları arasındaki dar boşluklar ile oluşturulan çift cam tarafından sağlanmaktadır. Dar boşluklar bir "piston" olarak sesin bir mekândan diğer mekâna kolayca geçmesinde rol oynamaktadır [6].

Çizelge 2.9. Pencereler için STC değerleri [6]

Pencere Yapıları	STC Oranı
3 mm+3 mm kalınlıkta, 6 mm hava boşluklu çift cam	26
6 mm kalınlıkta tek tabakalı cam	30
6 mm kalınlıkta lamine cam	34
6 mm + 3 mm kalınlıkta boşluklu çift cam	39
6 mm+ 3 mm kalınlıkta, 120mm hava boşluklu çift cam	43

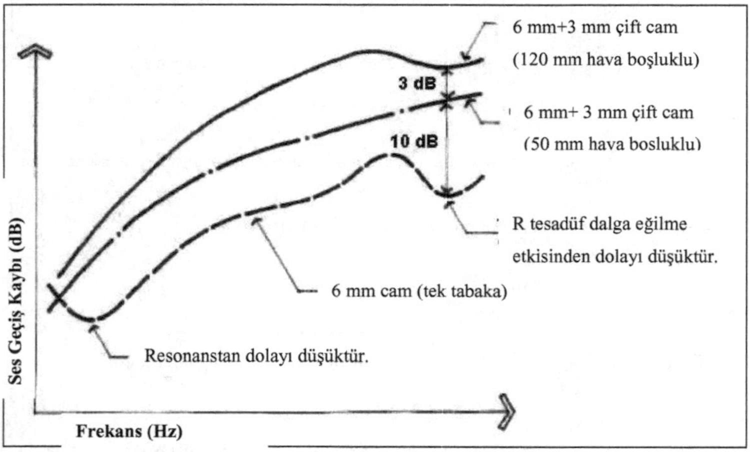

Şekil 2.17. Pencerelerde ses geçiş kaybı eğrileri [6]

Aynı pencere tipleri için R_w değerleri bir laboratuvardan diğerine geniş ölçüde değişebilir [6].

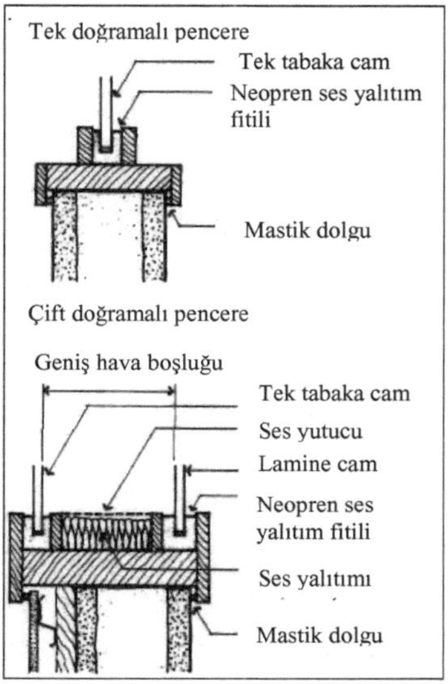

Şekil 2.18. Akustik amaçlı pencere detayları [6]

Kapılar

Kapıların ses bariyeri olarak etkili olabilmesi veya ses yalıtım performansının yüksek olabilmesi için;

- Kapının kütlesinin ağır olması ve
- Ses yalıtım fitillerinin kullanılarak ses geçişinin engellenmesi gerekmektedir [6].

Hava geçişine izin veren ya da menfezli olan kapılar ses bariyerleri olarak neredeyse hiç fayda sağlamamaktadır. Restorasyon projelerinde, mevcut kapıların ağırlığı, kapı kanatlarının üzerine veya içine ince bir kurşun levha eklenerek arttırılabilmektedir. Aşağıdaki çizelgede geleneksel kapılar için STC değerleri gösterilmiştir [6].

Çizelge 2.10. Geleneksel kapılar için STC değerleri [6]

KAPI TİPLERİ	STC
Pencereli kapı (pencere/kanat oranı %25-%30)	12
4,5 cm kalınlığında, hafif ahşap kanatlı, contasız kapı (kapı kanadının içi boşluklu)	17-19
4,5 cm kalınlığında, ağır masif ahşap kanatlı, contalı kapı	29-34
4,5–7 cm kalınlığında, contalı, özel metal kapı	40-50

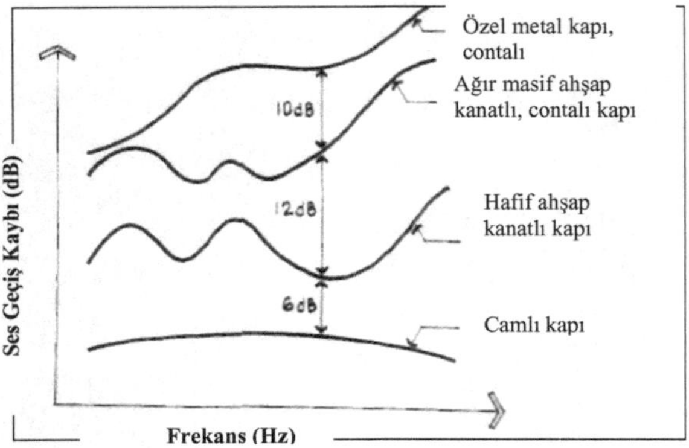

Şekil 2.19. Kapılar için ses geçiş kaybı değerleri [6]

Etkin ses azaltımını sağlayarak sürdürmek, mekânlar arasındaki ses geçişini kontrol etmek için iyi yalıtılmış uygun kapıların seçilmesi gerekmektedir. Ancak, tipik iç kapılar genelde; bir tuğla duvarın R_w değerinden 30dB daha düşük olan ve sadece 15dB R_w değerini sağlayan hafif kanatlı (boşluklu) kapı konstrüksiyonlarından oluşmaktadır. Mevcut bir kapının ses yalıtımı, kasası ve menteşeleri ek yükü taşıyabildiği sürece kütlesini arttırarak (çelik yüzeyler ya da 9 mm iki tabaka kontraplak eklenerek) iyileştirilebilmektedir [10,13].

İyi ses yalıtımı sağlayan tek değişken kapının kütlesi değildir. Kapı kasası boyunca sızdırmazlığın iyi şekilde sağlanması da önem taşımaktadır. Kapı kanadının tüm kenarlarının sızdırmaz hale getirilmesi gerekmektedir. Kapının havada yayılan sesin yalıtımı bakımından gerekli performansı sağlaması için kapı ve kapı kasası arasındaki boşlukların akustik dolgularla yok edilmesi gerekmektedir. İyi kalitede ve akustik olarak sızdırmaz bir kapı dahi iki sınıf arasındaki 55dB R_w değeri olan bir duvarın R_w değerini $D_{nT(Tmf,max),w}$ sadece 30-35dB olacak şekilde azaltacaktır. Duvarların ses yalıtım performansını korumak amacı ile iki mekân arasında ses tamburu oluşturacak şekilde, geçiş holleri yapılması ve iki ayrı kapı kullanılması önerilmektedir. Bir kapının ses geçiş kaybı; kütle ve hava sızdırmazlığı ile ifade edilmektedir [10,13].

Aşağıda verilen grafik, kapılar için ses azaltma indeksi (ses geçiş kaybı-R_w) etkinliğindeki kaybı göstermektedir. Hava deliği-panjur, aralıklar, delikler ve eşik gibi açıklıklar, 0dB'lik ses geçiş kaybına (R_w) sahiptir. Bundan dolayı bu ses köprüleri kapılarda, ses geçiş kaybını (R_w) önemli düzeyde düşürebilmektedir [6].

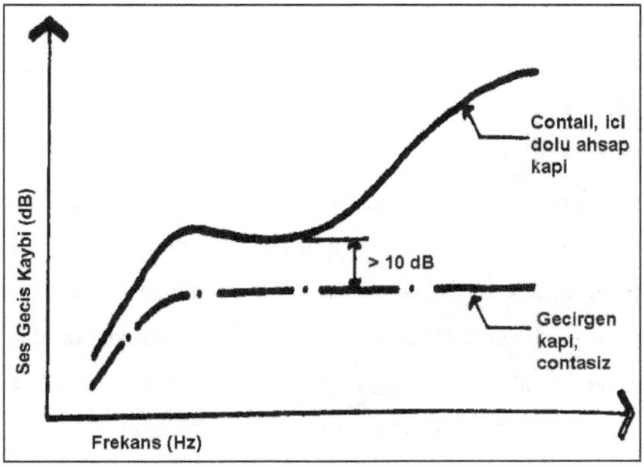

Şekil 2.20. Geçirgen kapılar için ses azaltma indeksi-ses geçiş kaybı grafiği [6]

Kapılardaki ses köprüsü örnekleri ve gerçek ölçüleri aşağıda belirtilmektedir. Kapılarda yüksek ses yalıtımı sağlanması gerektiğinde; kapatıldığında hava geçirimsiz olması için çevresi boyunca conta veya ses yalıtım fitillerinin kullanılması ve içi dolu ahşap kapıların tercih edilmesi önerilmektedir [6].

Ses köprüsü	Kapı	Gerçek ölçü
Menfez veya panjur	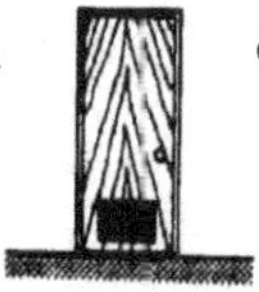	Olumsuz.
Görüş penceresinde düşük R değeri	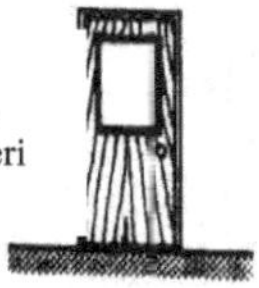	En az 6mm kalınlığında cam, lamine cam ya da iki ayrı tabaka cam kullanılmalıdır.
Eşik altında		Eşik contası ya da etkili bir bitiş contası kullanılmalıdır.

Şekil 2.21. Kapılarda ses köprüleri örnekleri [6]

2.3.2. Katılarda yayılan sesin kontrolü

Zemine düşen bir elemanda, adım atmada, kapıların çarpmasında ya da makine titreşimlerinin iletilmesi gibi sayılabilen olaylar katılarda sesin yayılmasına örnek verilebilir. Havadaki ve katılardaki ses yayılımları arasında birçok nedenden dolayı farklılıklar mevcuttur. Darbeler kısa sürelerde büyük kuvvetler oluştururlar. Bunlar bazen çok uzaklara yayılırlar. Havada yayılan sesler daha az güce sahip olmalarına rağmen, uzaklığa bağlı ve araya giren bölücüler nedeniyle azalmasından dolayı, genelde birbirine yakın olan mekânlar açısından etkilidir. Katılarda yayılan darbe sesinin yalıtılmasının, havada yayılan sesin yalıtılmasıyla farklılıkları vardır. Strüktüre eklenen bir yalıtım elemanı, biri için iyi fakat diğeri için yeterli olmayabilir. Strüktür boyunca yayılan darbe sesi, enerjisinin büyüklüğüne göre havada yayılan ses olarak tekrar yayılabilir [1,10,13].

Dıştan gelen havada yayılan sese karşı yalıtım için, duvar ne kadar ağır olursa o kadar iyidir düşüncesi genel bir kuraldır. Duvar ne kadar masifse, ses dalgalarının içinde hareket etmesi de o kadar güç olacaktır. Frekans, ne kadar yüksek olursa, ses azaltma indeksinin (ses geçiş kaybı) de o kadar büyük olacağı bilinmektedir. Kullanılan duvar malzemesinin türünden çok kütlesi ses yalıtımında önem taşır. Belirli bir tabaka boyunca geçiş kaybı, bir kontraplak tabakayla karşılaştırıldığında 95 kere daha zayıftır. Ancak, beton bir duvarın kalınlığı iki katına çıkarıldığında, ses geçiş kaybı sadece 5dB artış göstermektedir. Duvarlar arasında köprü oluşturmayan hava boşlukları ses azaltımında oldukça etkilidir [13].

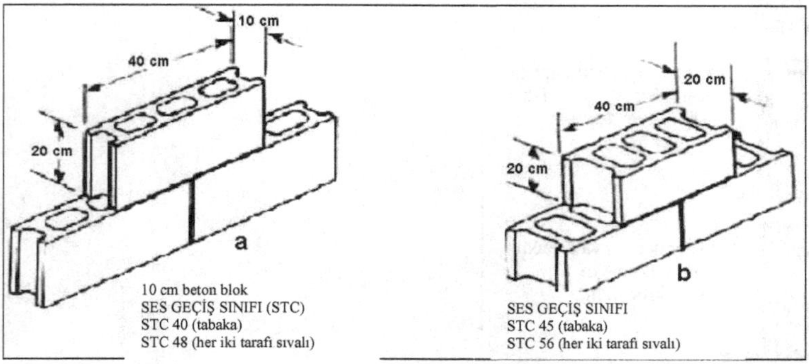

Şekil 2.22. Dış duvar örnekleri [13]

Şekil 2.22.a bir ses engeli olarak 10 cm'lik bir beton bloğunun ölçülmüş performansını göstermektedir. Önemli ve ilginç bir nokta, duvarın her iki yüzeyindeki sıva, duvarın iletim kaybını STC 40'tan STC 48'e çıkarmaktadır. Şekil 2.22.b ise, beton bloktan yapılmış duvarın kalınlığının iki katına çıkarılmasıyla gözle görülür gelişim gösterilmektedir. Bu durumda ise STC 45 değeri, duvarın her iki yüzeyinin sıvanmasıyla STC 56 olmuştur [13].

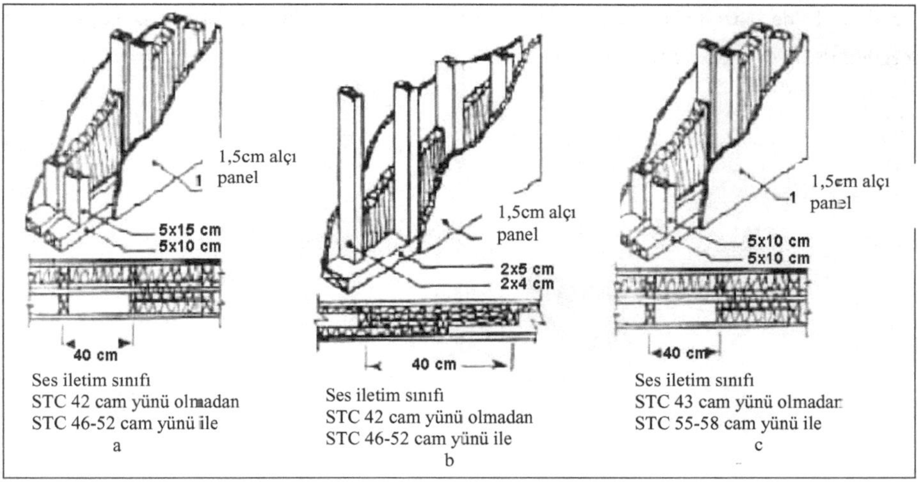

Şekil 2.23. Ara bölücü duvar örnekleri [13]

Şekil 2.23.a'da, alçı panel veya alçı pano ile kaplanmış 5x10 cm iskelet sistem bir konstrüksiyon gösterilmektedir. Arasında camyünü olmadan STC 34 değeri yalnızca 2 birim gelişim göstermektedir. Bu da, camyünü malzemesinin arasındaki boşlukların doldurulmasıyla gerçekleşmektedir. Bu artış, eklenen değerin doğruluğunu kanıtlanamaz. Şekil 2.23.b, oldukça yararlı ve ucuz tipte bir duvar konstrüksiyonu gösterilmektedir Burada iki bağımsız duvar diyaframları arasındaki zayıf birleşim, cam yünü malzemesiyle boşluklar doldurularak zamanla azalacaktır. İki duvar yüzeyinin de bağımsız olarak çalışmasının istenmesi, tam olarak STC 52 değerinin elde edilebilmesi, çok dikkatli yapılmış bir konstrüksiyon gerektirmektedir. Son duvar strüktürü de Şekil 2.23.c'de gösterilmektedir ve bu bir çift duvar konstrüksiyonudur. Buradaki her iki duvar da ayrıdır ve her biri 5x10cm levhaya sahiptir. Cam yünü olmadan bu duvar Şekil 2.23.b'deki duvardan sadece 1 birim daha iyidir. Ancak, iç boşlukların yalıtımla kaplanmasıyla, STC değerinin 58'e yükselmesi sağlanabilir. Gözenekli ses emici malzemelerin ses yalıtımında sınırlı önemde olduğu söylenmektedir. Normal ses azaltma indeksi (ses geçiş kaybı) göz önünde bulundurulursa bu doğru olabilir. Ancak Şekil 2.23.b ve 2.23.c'deki gibi strüktürler için bu tarz gözenekli malzemeler, boşluklardaki ses enerjisinin yutulmasına katkıda bulunmaktadır. Bazı duvar strüktürlerinde bu ses geçiş kaybı, duvarlar arasındaki boşluğun rezonansını azaltıp, STC 15'e kadar ulaşmaktadır. Düşük yoğunluklu cam yünü sıklıkla bina yapımlarında kullanılmaktadır. Aynı zamanda düşük yoğunluklu cam yünü yüksek yoğunluklu keresteler kadar etkili ve bunlardan daha ucuzdur. Mineral cam yünü, yapı elemanında (duvar) yangın önleyici özellik de göstermektedir. Çizelge 2.11'de, bazı tipik duvar konstrüksiyonları için ses azaltma indeksi (ses geçiş kaybı) değerleri (R_w) verilmiştir [13].

Çizelge 2.11. Bazı tipik duvar konstrüksiyonları için ses azaltma indeksi (ses geçiş kaybı) değerleri [10,13]

Ses Azaltma İndeksi	**Rw, (dB)**	**Duvarlar-Bazı Tipik Duvar Konstrüksiyonları**
35–40		Her iki yüzeyinde 1x12,5mm alçı pano olan metal taşıyıcılı duvar (toplam duvar kalınlığı 75mm)
		100mm kalınlığında blok duvar (düşük yoğunluklu 52 kg/m^2) bir yüzeyi 12mm sıvalı
40–45		Her iki yüzeyinde 1x12,5mm alçı pano, duvar boşluğunda cam yünü/taş yünü ve 48mm kalınlığında metal taşıyıcılı duvar (toplam kalınlık 75mm)
		100mm kalınlığında blok duvar (orta yoğunluklu 140 kg/m2) bir yüzeyi 12mm sıvalı
45–50		Her iki yüzeyinde 2x12,5mm alçı pano olan 70mm kalınlığında metal taşıyıcılı duvar (toplam duvar kalınlığı 122mm)
		115mm kalınlığında tuğla duvar, her iki yüzeyi 12mm alçı sıvalı
	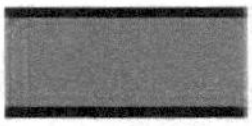	100mm kalınlığında blok duvar (orta yoğunluklu 140 kg/m^2) her iki yüzeyi 12mm sıvalı
50–55	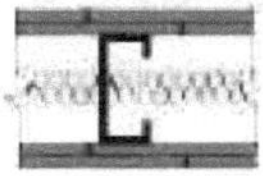	Her iki yüzeyinde 2x12,5mm alçı pano, duvar boşluğunda taş yünü/cam yünü ve 150mm kalınlığında metal taşıyıcılı duvar (toplam kalınlık 193mm)
		225mm kalınlığında tuğla duvar, her iki yüzeyi 12mm sıvalı
		225mm kalınlığında blok duvar (yüksek yoğunluklu 430 kg/m^2) her iki yüzeyi 12mm sıvalı
55–60	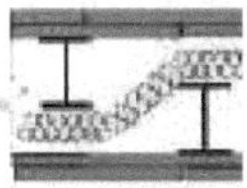	Her iki yüzeyinde 2x12,5mm alçı pano, duvar boşluğunda cam yünü/taş yünü ve 60mm kalınlığında şaşırtmalı sabitlenen metal taşıyıcılı duvar (toplam kalınlık 178mm)
	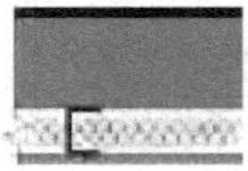	110mm kalınlığında blok duvar (yüksek yoğunluklu 200 kg/m^2), bir yüzeyi 12mm sıvalı, diğer yüzey ise 50 mm duvar boşluğunda cam yünü/taş yünü dolgu ile metal taşıyıcılara sabitlenmiş 1x12,5mm alçı pano

Yumuşak esnek yüzeyler olarak; halı, mantar tabakası, lastik gibi malzemeler, döşemenin darbe gürültü yalıtımını düzeltir, ancak havada yayılan sese oranla çok daha az ses yalıtım sağlarlar [10,13].

Bir döşeme üzerinde ahşap ve linolyum, vinil asbest ve asfalt parçalar gibi sert ve rijit kaplamalar, döşemenin darbe sesine karşı yalıtımını sağlamazlar. Döşeme üzerinin halı ile kaplanması özellikle ayak darbelerinin azaltılmasında en etkili yoldur. Kullanılacak yerin fonksiyonunda düşünülmesi sağlıklı sonuçlar verir. Örnek olarak, hastane, okul ve ofis gibi durumlarda pek çok nedenden ötürü çok esnek bir döşeme kaplaması genel bir uygulama değildir. Böyle durumlarda normal yükleri taşıyabilen, içinde esnek olup, rijit döşeme kaplaması olan uygulamalar gerekmektedir [1].

Yüzer Döşemeler

Yüzer döşemeler, elastik bir altlık ile veya elastik yalıtım malzemesi ile strüktürel döşemeden tamamen ayrılan döşemedir [6]. Yüzer döşemeler, yeterli ses geçiş kaybını ve darbe sesi yalıtımını sağlamak amacıyla yapılmaktadır. Yüzer döşeme; genellikle kalınlığı az olan, ana taşıyıcı döşemenin üzerine yerleştirilen ikinci bir tabakadır. Bu ikinci tabaka isteğe göre noktasal ya da esnek çizgisel desteklerin üzerine veya sürekli gözenekli esnek bir tabakanın üzerine uygulanmaktadır. Bu taşıyıcı esnek tabakanın da sesin havada yatay dağılımını engellemek için gözenekli olması ve aynı zamanda yeterli akış mukavemetine sahip olması gerekmektedir. Cam yünü veya taş yünü panolar bu şartları sağlayabilmektedir. Döşemenin ölü yükünün değişken olduğu durumlarda çok sayıda mantar, kauçuk ya da preslenmiş cam yünü desteklerin kullanılması uygun bir çözümdür. Arada kalan hava boşluğu, boşlukta sesin yatay dağılımını engellemek için taşıyıcı olmayan ve yeterli akış mukavemetine sahip olan camyünü veya taşyünü gibi malzemelerle doldurulabilmektedir. Bu doldurma işlemi darbe sesi yalıtımını 20dB'e kadar iyileştirebilmektedir [1].

Yüzer döşemede sesin davranışı incelenirse, kaynak odadaki yayılan ses alanı yüzer döşemeyi harekete geçmeye zorlar. Bu zorlama üzerine yüzer döşemede oluşan basınç dalgası akustik olarak hızlıdır. Yüzer döşemede oluşan bu hızlı dalganın bir bölümü esnek destekler tarafından taşıyıcı döşemeye iletilir. Taşıyıcı döşemeyi de akustik olarak hızlı hareket etmeye zorlar. Taşıyıcı döşemede oluşan dalga ise alıcı odada sesin yayılmasına neden olur [1].

Bölücü duvarlarla yüzer döşeme birleşimi aşağıda gösterildiği gibi tasarlanmalıdır. Eğer bölücü duvar, yüzer döşemenin üzerinde kurulursa, aşırı sıkıştırılmış elastiki yalıtım veya yüzer yüzeyde kesme dayanımının zayıflığı, ses enerjisi için direk yan tarafa geçişe neden olabilmektedir [6].

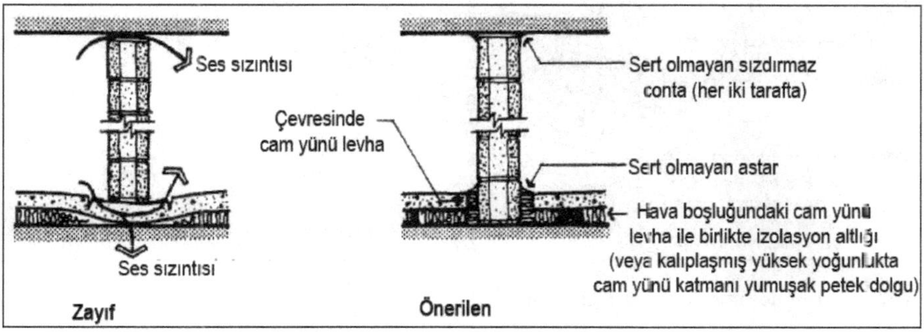

Şekil 2.24. Bölücü duvarlarla yüzer döşeme birleşimi [6]

Aşağıda bir yüzer döşeme örneği detayı gösterilmiştir. Yüzer döşemelerin konstrüksiyonunun tamamlanması, dikkatli tasarım, teknik özellik ve kurulum süresince denetim gerektirmektedir. Temel olarak, beton yüzer döşeme sistemleri, nem yalıtımı ile tamamen kaplanmış kontraplak kalıp altına kurulan önceden preslenmiş cam yünü veya neopren yalıtım altlığı içermektedir [6].

Yangın güvenliği açısından ahşap kalıplar istenmediğinde veya izin verilmediğinde beton yükseltilmiş döşeme sistemleri kullanılabilmektedir. Bu sistemlerde, hasır çelik donatı yalıtım üzerine yerleştirilmekte ve sonra beton döşeme uygulaması yapılarak, yalıtım katmanındaki kriko ile döşeme son yüksekliğine getirilmektedir. Polietilen nem bariyerleri, tüm strüktürel döşemeyi ve yüzer döşemenin çevresini kaplamakta olup, yükseltme işlemi süresince beton katmanlarının arasında yapışmayı önlemeye yardımcı olarak kullanılmaktadır [6].

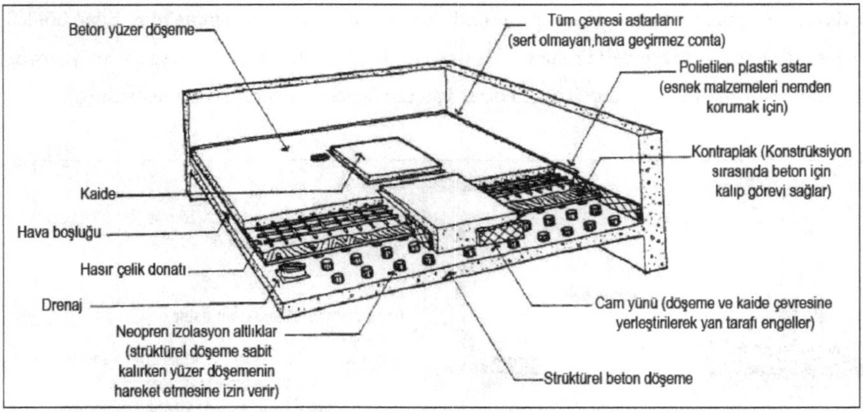

Şekil 2.25. Yüzer döşeme detayı örneği [6,18]

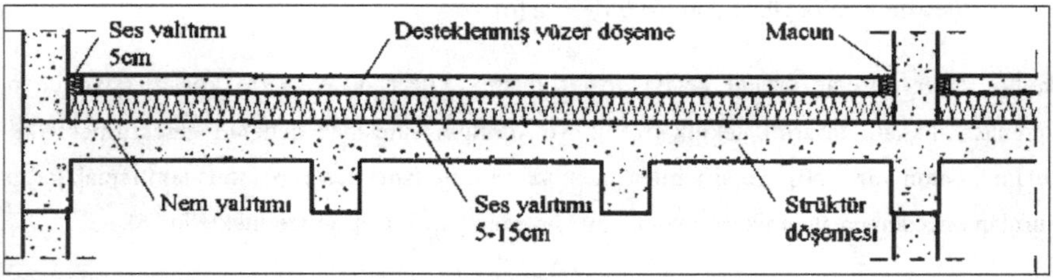

Şekil 2.26. Yüzer döşeme detayı [1]

Havada, katıda yayılan gürültü ile mekanik donanımların yarattığı titreşime karşı yüzer döşemeler oldukça etkilidir.

Yüzer döşemeler yapılırken dikkat edilmesi gereken özellikler aşağıda verilmiştir:

- Betonarme yüzer döşemeler, betonarme döşemenin döküleceği kontraplak, ahşap ya da çelik kalıpların altına yumuşak yastıklar serilerek yapılmalıdır. Tahta veya başka pürüzlü malzemeler kullanıldığında, su ve nem geçişini önlemek için katranlı bir plastik ya da kâğıt tabaka yerleştirilmelidir.
- Yüzer döşeme ile duvarlar arasındaki iletimi önlemek için mantar şeritlerle ya da fiberglas malzemelerle döşemenin çevresi kaplanmalıdır. Beton döküldükten sonra birleşim yerleri katran, polysülfat veya polybütan ile tıkanabilir.
- Yüzer döşemenin ağırlığı taşıyacağı makinenin ağırlığından daha az olmamalıdır. Tercihen

bir kaç kat fazla olmalıdır. Böylece salınımın genliği etkili bir şekilde azaltılabilir.

- Tavan ve duvar konstrüksiyonu, ses geçiş kaybı oldukça yüksek elemanlardan seçilmelidir. (Örn. Betonarme blok duvarlar ya da ayrı ayrı yapılıp arasına 2,5 cm kalınlığında ses yutucu malzeme konulmuş duvarlar).
- Titreşim yapan boruları döşemenin üstüne bağlanmış yumuşak bir yatak üzerine koymak ya da esnek bir şekilde tavana asmak gerekir. Tavan paneli ve strüktür döşemesi arasındaki hava boşluğu makul bir büyüklükte artırılmalı ve hava boşluğu için ses geçirmez yalıtım örtüleri yerleştirilmelidir [1].

İyi tasarlanmış döşeme sistemleri havada ve katılarda yayılan sese karşı yeterli yalıtımı sağlamaktadır. Bir tür ses için çok iyi özellik gösteren bir konstrüksiyon bir diğeri için zayıf kalabilmektedir. Örneğin 30 cm kalınlığında çıplak beton parçası ortam sesinin yalıtımında etkili olmasına rağmen darbe sesinin yayılmasında etkili değildir. Bir strüktürün iletilen titreşimi bastırması isteniyorsa darbelerin döşemeye fazla enerji vermesi engellenmelidir. Halı ya da mantar parçaları gibi darbe sesinin bir kısmını sönümleyen elastik kaplamalar kullanarak bu sağlanabilmektedir. Strüktürsel aralar ve konstrüksiyonda ki aralıklar olmadığı takdirde döşemeye iletilen titreşim çok küçük bir azalmayla yayılır. Döşemelerin darbe sesi yalıtımına göre sınıflandırılmaları hava doğuşlu sesinkinden daha komplike olmaktadır [1].

Asma Tavanlar

Aşağıdaki grafikte;

- Betonarme döşeme üzerine, ahşap zemin kaplaması,
- Betonarme döşeme ve
- Ahşap kirişli döşeme üzerine, ahşap zemin kaplaması

gibi 3 farklı döşeme kesitine yönelik, ses azaltma indeksi (ses geçiş kaybı-R_w) değerleri özetlenmektedir [6].

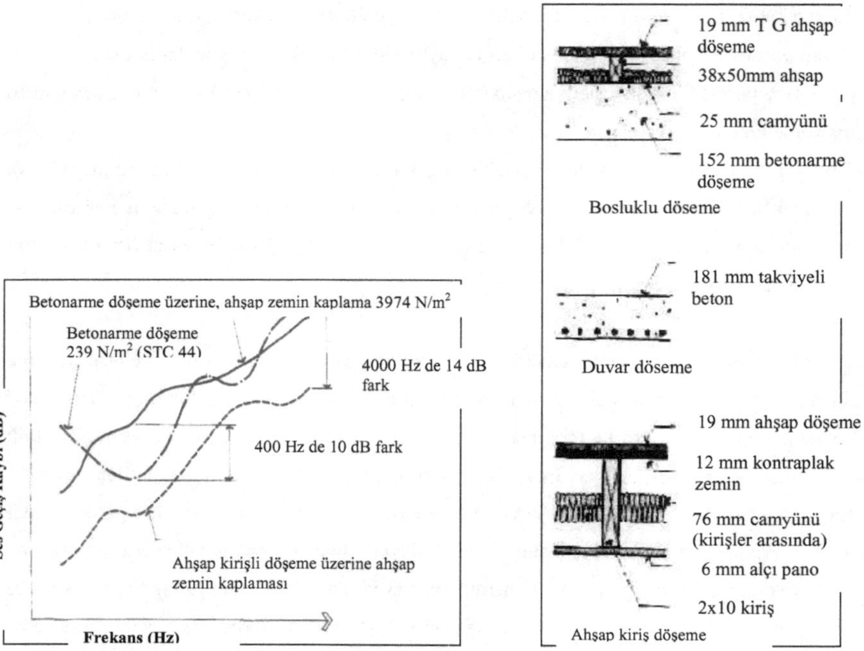

Şekil 2.27. Farklı döşeme kesitlerine yönelik ses geçiş kaybı (R) değerleri ve detay örnekleri [6]

Asma tavanın etkisi ağırlığına ve tavanın strüktürle temasında esneklik derecesine bağlıdır [13].

İyi tasarlanmış döşeme sistemleri katıda ve havada yayılan gürültülerin yalıtımı için yeterlidir. Darbelerin yapı strüktürüne geçişlerinin kontrol altına alınabilmesi, zemine ilettikleri enerjinin en aza indirilmesiyle gerçekleştirilebilir. Zemine iletilen enerjinin en aza indirilmesi, devamlı olmayan ve özel detayları olan bağlantı elemanlarıyla sağlanabilmektedir [1].

Asma tavanların etkisi aşağıdaki önerilerle güçlendirilebilmektedir:

- Tavan katmanı 25 kg/m^2'den daha hafif olmamalı, tavan kaplaması üzerindeki hava boşluğunda yutucu bir malzeme kullanılarak bu ağırlığın azaltılmasına gidilmelidir.
- Asma tavan fazla rijit olmamalıdır.
- Sesin doğrudan geçebileceği yollar katı ve hava geçirmez bir katmanla engellenmelidir.
- Sütrüktürel döşeme ve tavan katmanı arasındaki boşluklar ses geçişinin engellenmesi için kapatılmalıdır.
- Asılma noktaları en aza indirilmeli ve elastik askı malzemeleri kullanılmalıdır.

- Asma tavan ses yalıtımını arttırmak için kullanıldığında hafif ve yutucu fakat sesi geçirici bir katman kullanmak yarar sağlamaz. Bu katman en az 20 mm kalınlıkta ve birleşim yerleri macunla iyi bir şekilde kapatılmış çimento-alçı gibi katı bir katman olmalıdır [1].

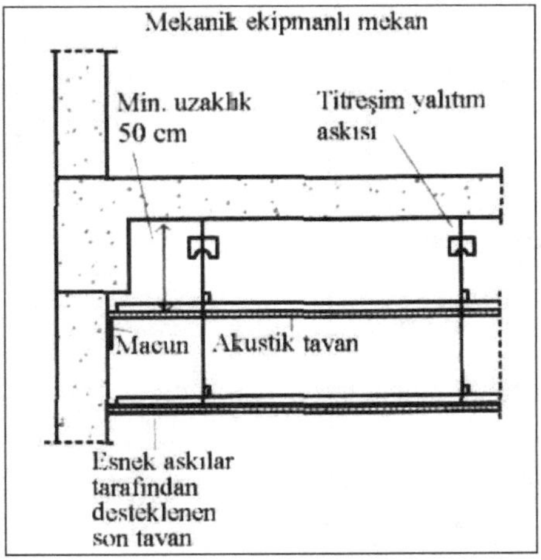

Şekil 2.28. Asma tavan detayı [1]

Şekil 2.29'da uygun bir ortam ve darbe sesi yalıtımını içeren beton döşemeler gösterilmiştir. Şekil 2.29 (a)' da görülen asma tavan, kullanılmadığında en az 150 mm ve 350 kg/m^2 halı kaplı ağır bir beton döşeme yeterli yalıtımı sağlamaktadır. Şekil 2.29 (b)'de, döşeme altında asma tavan olmayan en az 75 mm kalınlıkta yüzer döşeme görülmektedir. Şekil 2.29 (c)'de ise; oldukça ince ve hafif bir beton döşeme altında elastiki şekilde asılmış bir tavan gösterilmektedir. Gösterilen üç örnek de sese karşı yalıtıcı etkiye sahiptirler. Bu yalıtım asma tavanın ağırlığına ve tavanın strüktürle temasında esneklik derecesine bağlıdır [1,13].

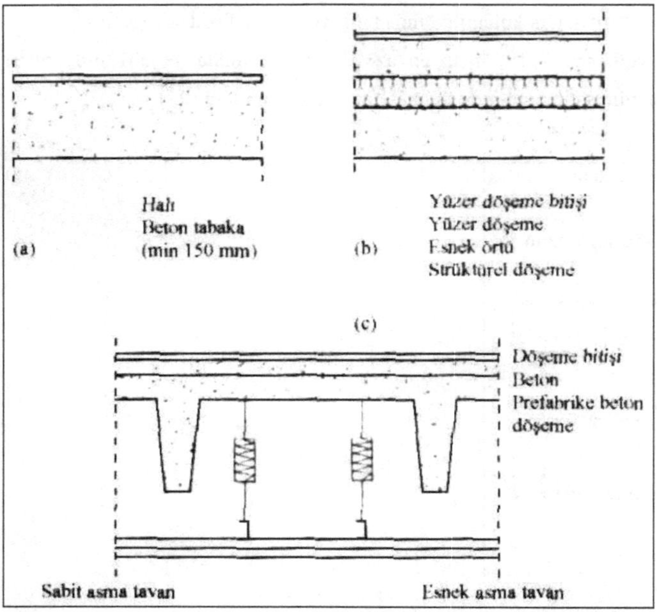

Şekil 2.29. Darbe kaynaklı sesin yalıtımını sağlayan çeşitli beton döşeme tipleri [1]

Bir mekânın ses azaltım değerini etkileyen önemli ve riskli noktalardan biri de duvar-tavan birleşimidir. Dengeli akustik davranış istenmesi durumunda bu noktadaki ses azaltım değeri en az duvarın ki kadar olmak zorundadır. Asma tavan ve duvar uygulamaları çapraz iletim yolu yarattığından, kullanılan asma tavanların havada yayılan ses karşısındaki performansları en az duvarın ki kadar olmalıdır [1].

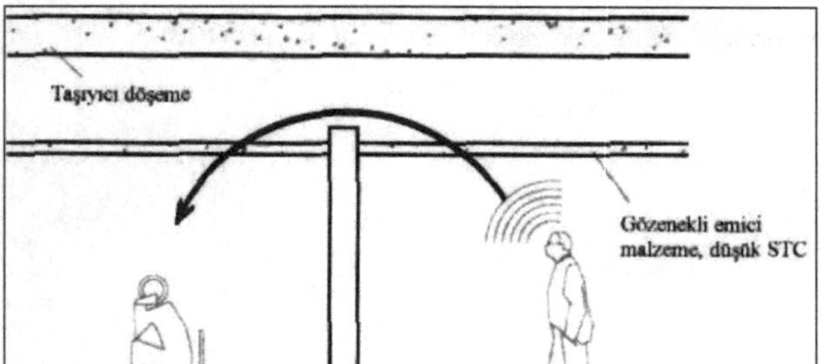

Şekil 2.30. Asma tavan boşluğundan çapraz iletim [1]

Hafif ve gözenekli ses yutucu tavan panelleri belirtilen şartı taşımadığı için, hem ses yutma işlevini gören, hem de yalıtımı sağlayan bir tavan için yüksek yoğunluklu ses yutucu malzemenin arkası poroziteyi azaltmak için laminant ya da folyo ile kaplanmalıdır. Çapraz iletimi engellemek amacıyla kullanılabilecek detaylar aşağıda gösterilmiştir [1].

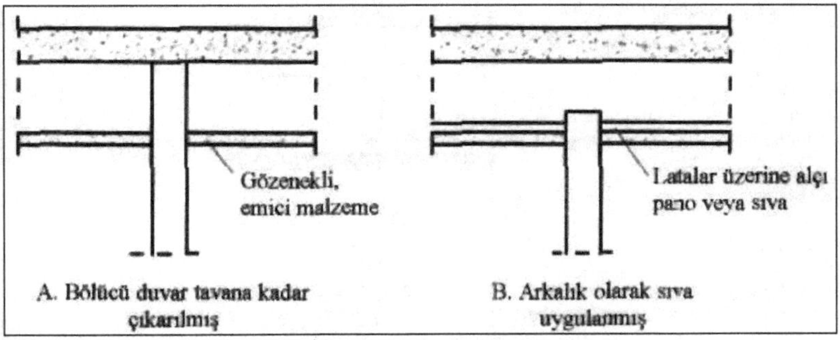

Şekil 2.31. Asma tavan bölgesinde çapraz iletimi engellemek amacıyla kullanılabilecek detaylar [1]

Çizelge 2.12. Ahşap döşeme konstrüksiyonları için ses yalıtım değerleri [10]

	Konstrüksiyon- Ahşap Döşemeler		**R_w (dB)**	**$L_{n,w}$ (dB)**	**Kalınlık (mm)**
1	150-200 mm ahşap kirişte, kirişe sabitlenmiş alçı ya da alçıpan tavan kirişli, 15 mm zemin döşemesinden oluşan temel ahşap döşemeler	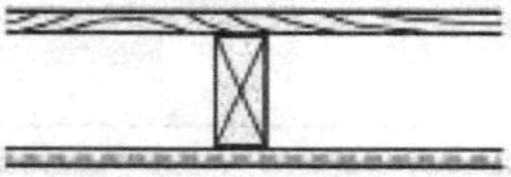	35–40	80–85	180–230
2	1'deki gibi, kirişlerin altına uygun esnek malzeme ile tespitli 15 mm kalınlığında alçıpan ve 12,5 mm kalınlığında tek kat yoğun alçıpan	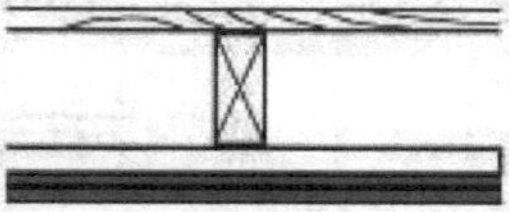	50–55	65–70	220–270
3	1'deki gibi tavana, 80-100 mm (>10 kg/m^3) mineral yünlü 240 mm boşluklu şekilde metal asma tavan sistemi ile sarkıtılmış çift kat 15 mm plakalı ya da çift kat 12,5 mm kalınlığında yoğun alçıpan	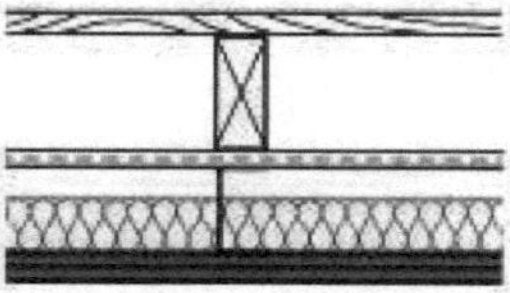	55–60	60–65	450–500
4	1'deki gibi tavansız, 80-100 mm (>10 kg/m^3) mineral yünlü 275 mm boşluklu şekilde metal asma tavan sistemi ile sarkıtılmış çift kat 15 mm plakalı ya da çift kat 12,5 mm kalınlığında yoğun alçıpan		55–60	60–65	450–500
5	1'deki gibi tavansız, 80-100 mm (>10 kg/m^3) mineral yün içeren 275 mm boşluklu şekilde özel esnek askılar ile sarkıtılmış çift kat 15 mm plakalı ya da çift kat 12,5 mm kalınlığında yoğun alçıpan	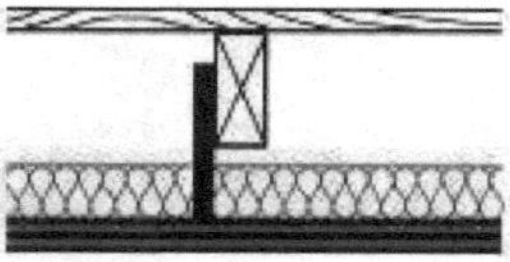	60–65	55–60	450–500
6	1'deki gibi esnek pedler veya şeritler kullanılarak uygun hafiflikte yüzer döşeme (ör:25 mm açık gözenekli pedler 45 mm yumuşak latalarla desteklenen 15 mm kontrplak, sunta veya mdf üzerinde 15 mm tavan döşemesi). Mevcut döşeme tabanı üzerine serilmiş 80-100 mm (>10 kg/m^3) mineral yün	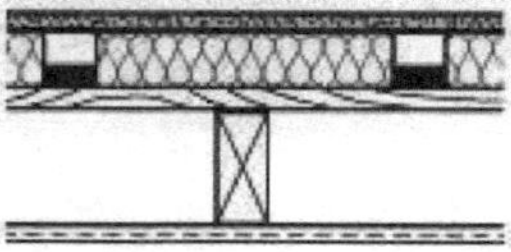	50–55	60–65	270–320
7	1'deki gibi, tavan döşemesi kaldırılmış ve yerine 25 mm açık gözenekli pedler üzerine serilmiş 12 mm yumuşak ahşap latalarla desteklenen 15 mm kontrplak, sunta veya mdf üzerinde 15 mm lamba zivana tavan döşemesi getirilmiştir. Mevcut döşeme tavanı üzerine serilmiş 80-100 mm (>10 kg/m^3) mineral yün	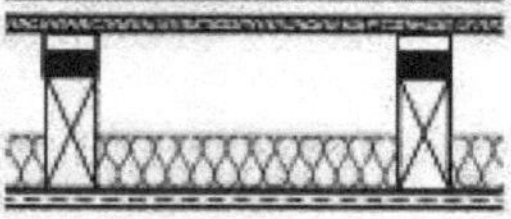	55–60	55–60	240–290

Çizelge 2.12. (Devam) Ahşap döşeme konstrüksiyonları için ses yalıtım değerleri [10]

	Konstrüksiyon – Ahşap Döşemeler		**R_w (dB)**	**$L_{n,w}$ (dB)**	**Kalınlık (mm)**
8	7'deki gibi ancak mineral yün yerine tavan üzerine 100 mm kalınlığında (80 kg/m^3) keçe serilmiştir.		55–60	50–55	240–290
9	8'deki gibi ancak kirişlerin kenarlarına sabitlenen plakalar üzerine serilmiş keçe 75 mm kalınlığındadır.		50–55	55–60	240–290
10	1'deki gibi devamlı bir katman kullanılarak oluşturulan uygun hafiflikte yüzer döşeme (ör:6-12 mm kalınlığında devamlı açık gözenekli köpük altlık üzerine 15 mm kontrplak, mdf plakalar üzerinde 15 mm lamba zivana döşeme tavanı	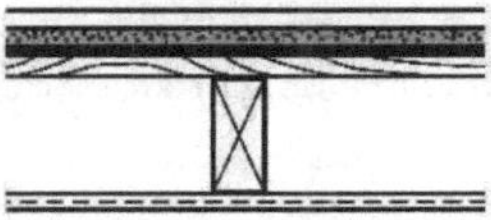	50–55	55–60	220–270
11	10'daki gibi ancak tavan kaldırılarak yerine 80-100 mm mineral yünü içeren (>10 kg/m^3) ve 275 mm tavan boşluğunu oluşturacak uygun metal tavan sistemi kullanılarak 2 kat 15 mm plaka veya 2 kat 12,5 mm yoğun alçıpan levhadan oluşan asma tavan getirilmiştir.	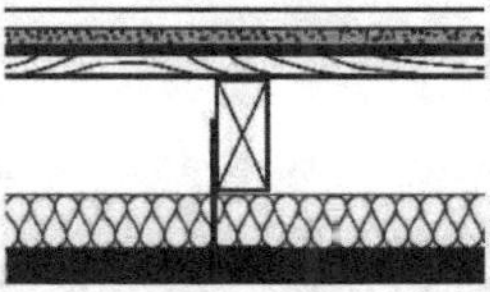	60–65	50–55	360–410

Çizelge 2.13. Betonarme döşeme konstrüksiyonları için ses yalıtım değerleri [10]

	Konstrüksiyon – Hafif Beton Döşemeler		**R_w (dB)**	**$L_{n,w}$ (dB)**	**Kalınlık (mm)**
1	Tümü yaklaşık 100 kg/m^2 ağırlığında, 30-50 mm şap içeren, tavan ya da döşeme kaplaması olmayan, beton plaklar (dolu ya da boşluklu) ya da kiriş ve bloklardan oluşan hafif döşemeler		35-40	90-95	100-150
2	1'deki gibi ilave olarak 5 mm'den kalın yumuşak döşeme kaplaması		35-40	75-85	105-155
3	1'deki gibi ilave olarak 80-100 mm mineral yü içerecek (>10 kg/m^3) ve 240 mm tavan boşluğunu oluşturacak uygun metal tavan sistemi kullanılarak 2 kat 15 mm plaka ya da 2 kat 12,5 mm yoğun alçıpan levhadan oluşan asma tavan	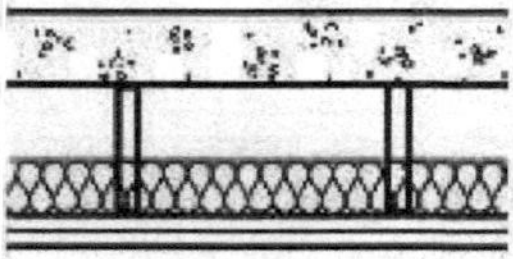	60-65	55-60	370-420
4	3'teki gibi ilave olarak 5 mm'den kalın yumuşak döşeme kaplaması	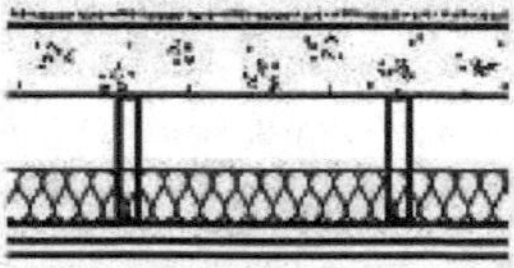	60-65	50-55	375-425
5	1'deki gibi esnek pedler ya da şeritler kullanılarak uygun hafiflikte yüzer döşeme (ör:25 mm açık gözenekli pedler üzerine serilmiş 15 mm yumuşak ahşap latalarla desteklenen 15 mm kontrplak, sunta veya mdf üzerinde 15 mm lamba zivana)	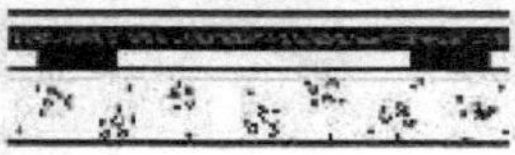	50-60	50-60	155-205
6	1'deki gibi devamlı bir katman kullanılarak oluşturulan uygun hafiflikte yüzer döşeme (ör: 6-12 mm kalınlığında devamlı açık gözenekli köpük altlık üzerine 15 mm kontrplak, mdf plakalar üzerinde 15 mm lamba zivana döşeme tavanı)		50-55	55-60	150-200
7	1'deki gibi uygun ağırlıkta ses yalıtımlı tavan karoları ile oluşturulmuş asma tavan sistemi	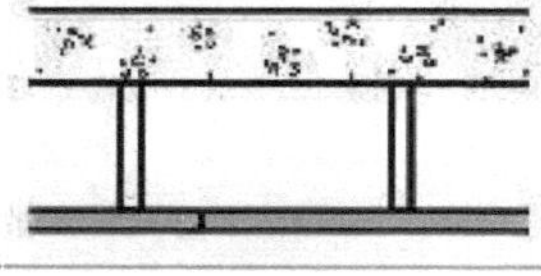	45-55	60-70	250-500

3. GÜRÜLTÜ KONTROLÜNE YÖNELİK MEVZUATLARIN KONSERVATUVAR BİNALARI AÇISINDAN İNCELENMESİ VE PERFORMANS KRİTERLERİNİN OLUŞTURULMASI

20.yy'ın ikinci yarısında Dünya ülkelerinin çoğunluğu, çevresel ve işyeri gürültülerinin toplum sağlığı için önemli olduğunu ve etkili gürültü kontrolü uygulamalarının gerekliliğini anlamışlardır. Yapılan çalışmalar, yerel, ulusal ve uluslararası gürültü yönetim politikalarının ortaya konulmasını sağlamıştır. Ancak son yıllarda gürültü önleme kılavuzları, mevzuatlar, standartlar konusunda ve gürültü kontrol teknikleri alanında büyük gelişmeler olmakla beraber, alınan önlemlerin yararlarının kesin olarak saptanamadığı tartışılmaktadır. Uzmanlar, gürültü önleme politikalarının etkililiğini saptamak için başarılı bir programın anahtarının öncelikli olarak ortak bir tahmin yönteminin geliştirilmesi, sonuçların karşılaştırılması ve uluslararası bir veritabanının hazırlanması olduğunu belirtmektedirler [3].

3.1. Ulusal ve Uluslararası Mevzuatların İncelenmesi

Konservatuvar binalarında sağlanması gereken akustik konfor koşulları;

- Ulusal mevzuatlar *(Çevresel Gürültünün Değerlendirilmesi ve Yönetimi Yönetmeliği, Bkz. Çizelge 3.1.),*
- İngiltere mevzuatı (*Building Bulletin 93, BB93),*
- Amerika mevzuatı (*American National Standard Acoustical Performance Criteria, Design Requirements, and Guidelines For Schools, ANSI) ve*
- Almanya mevzuatı (*DIN 4109 Sound İnsulation in Buildings Requirements and Testing)* çerçevesinde incelenmiştir [10,19,20,21].

3.1.1. Ulusal mevzuatlar

Ülkemizde, Çevresel Gürültünün Değerlendirilmesi ve Yönetimi Yönetmeliği dışında yapı akustiği ile ilgili çeşitli standartlar da bulunmaktadır. İncelenen bu standartlar EK-2'de verilmiş olup, TS EN 15251 standardında; A-ağırlıklı ses basınç seviyeleri ile ilgili (Bkz. Çizelge 3.2) bilgiler yer almaktadır.

Çizelge 3.1. Çevresel Gürültünün Değerlendirilmesi ve Yönetimi Yönetmeliği'nde eğitim yapıları için iç ortam gürültü düzeyi sınır değerleri [19]

Kullanım Alanı		**Kapalı Pencere L_{eq}, dBA**	**Açık Pencere L_{eq}, dBA**
		Kullanım alanlarında herhangi bir faaliyet olmadığı durumlardaki değerler	
Eğitim Tesisleri Alanları	Okullardaki derslikler, özel eğitim tesisleri, kreşler, laboratuarlar vb.	35	45
	Spor salonları	55	65
	Yemekhane	45	55
	Kreşlerdeki yatak odaları	30	40

Çizelge 3.2. Okullarda TS EN 15251 Standardına göre A-ağırlıklı ses basınç seviyesi tasarım örnekleri [22]

Yapı	**Alan türü**	**Ses basınç seviyesi, dBA**	
		Tipik aralık	**Varsayılan tasarım değeri**
Okullar	Sınıflar	30-40	35
	Koridorlar	35-50	40
	Jimnastik salonları	35-45	40
	Öğretmen odaları	30-40	35

3.1.2. Uluslar arası mevzuatlar

Konservatuvar binaları aşağıda 3 ülkenin mevzuatları çercevesinde incelenmiştir.

İngiltere mevzuatı (BB93)

A. Arka Plan Gürültü Düzeyi

Okullarda, havalandırma sistemlerinin sesini kontrol etmek için sessiz fanlar kullanmak veya havalandırma ünitelerini ses susturucularla birlikte monte etmek gerekmektedir. Tipik bir ses susturucu boyu 2,4-3 m arasında değişmektedir. Hava kanallarındaki havanın hızının, ana kanallarda 5 m/sn, tali kanallarda 4,5 m/sn, ulaşma noktalarında ise 2,5 m/sn'yi geçmemesi ve düşük gürültü düzeyi veren menfezler tercih edilmesi gerekmektedir [10].

Müzik işlevli veya kayıt mekânları gibi sese çok duyarlı mekânlardan, sıcak su borularının mümkünse geçirilmemesi gerekmektedir. Genleşme ve büzülme sonucunda oluşan gürültünün engellenmesi için dirençli boru köşebentleri ve esnek detayların kullanılması gerekmektedir. Aydınlatmada kullanılan, metal bağlantılarda istenmeyen gürültülere neden olabilmektedir. Müzik işlevli mekânlarda rahatsız edici gürültüye neden olan flöresan aydınlatma armatürlerinin kullanılması tercih edilmemektedir. Bu etkiler yüksek frekanslı ışık kaynaklarında (LED) görülmemekte olup, müzik işlevli mekânların aydınlatması için önerilmektedir [10].

B. Hacim Akustiği

a. Reverberasyon süresi, algılanan ses yüksekliği ve hava hacmi

Mekânın toplam hava hacmi, reverberasyon süresi (T) üzerinde doğrudan bir etkiye sahiptir. Genelde daha büyük hava hacmine sahip olan mekânlar, daha uzun reverberasyon süresine (T) sahip olmaktadır. Konuşma ve müzik işlevleri için önerilen, orta frekanslardaki reverberasyon süresi değerleri, Şekil 3.1.'deki grafik ile özetlenmektedir [10].

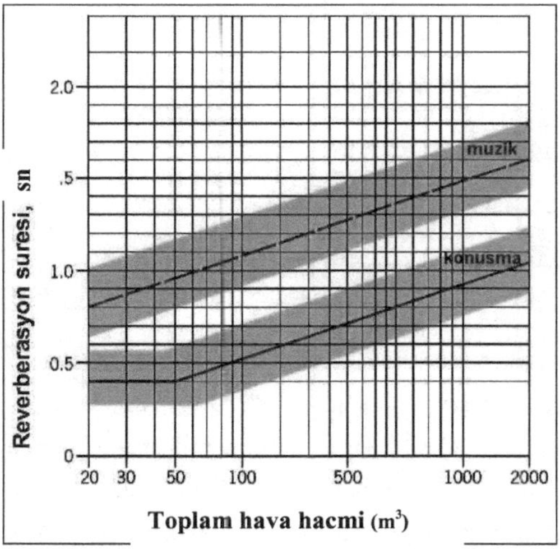

Şekil 3.1. Konuşma ve müzik işlevleri için orta frekanslarda önerilen reverberasyon süresi değerleri [10]

Çizelge 3.3.'te önerilmekte olan, orta frekanslardaki reverberasyon süresi değerleri;

- Yüksek frekanslarda, sabit kalmalı ve değişmemeli,
- Düşük frekanslarda ise, %50 oranında bir artış kabul edilebilmektedir [10].

Çizelge 3.3. Öğrenme ve çalışma mekanları için önerilen orta frekanslardaki reverberasyon süresi değerleri (boş mekân) [10]

Oda tipi	**Reverberasyon süresi, T_{mf} 1 (saniye) T**
Müzik sınıfları	< 1,0
Küçük çalışma / grup odası	< 0,8
Topluluk odası	0,6 – 1,2
Performans / resital odası	1,0 – 1,5
Kayıt stüdyosu	0,6 – 1,2
Kayıt için kontrol odası	< 0,5

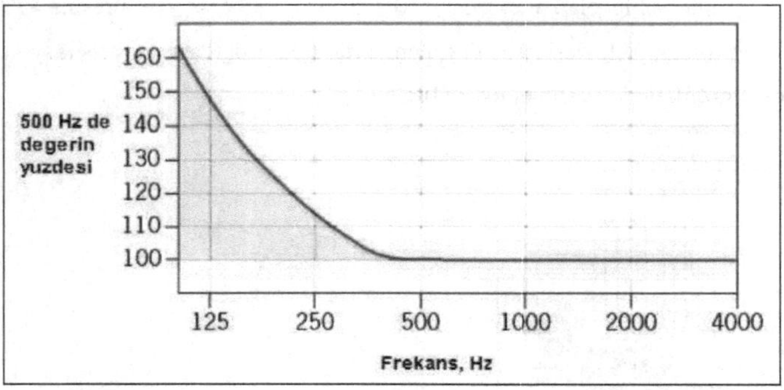

Şekil 3.2. Müzik işlevli mekanlarda, düşük frekanslar için önerilen reverberasyon süresi artış yüzdeleri [10]

Uygun reverberasyon süresi sağlanması koşulunda, mekânın toplam hava hacmi çok küçük olduğunda, ses yüksekliğinde önemli düzeyde bir artış oluşabilmektedir. Bu nedenle, birçok profesyonel müzisyen; ses yutucu yüzeylerin yetersiz olduğu, küçük çalışma mekânlarında, uzun dönemde işitme kaybı sorunu yaşayabilmektedir. Çalışma, prova veya öğretim odalarının aşırı yankılanmamasına ve çok küçük olmamasına pratikte özen gösterilmesi gerekmektedir. Müzik işlevli mekânların tasarımındaki ilk aşama; döşeme alanının ve tavan yüksekliğinin belirlenmesidir [10]. Bir ortaokuldaki tipik müzik odaları için önerilen döşeme alanları Çizelge 3.4.'te özetlenmektedir.

Çizelge 3.4. Ortaokuldaki müzik odaları için önerilen döşeme alanları [10]

Geniş performans/öğrenim odası	85 m^2
İkinci öğrenim odası	65 m^2
Çalışma odası	20 m^2
Pratik yapma grup odaları	8 m^2
Kayıt için kontrol odası	10 m^2

Müzik işlevine sahip olan bazı mekânlar için, önerilen tavan yükseklikleri aşağıda özetlenmektedir [10].

- Resital salonları için, yaklaşık 6 metre,
- Grup odaları ve çalışma odaları için, yaklaşık 3 metre [10].

b. Ses yutucu yüzeylerin dağılımı

Müzik işlevli mekânlarda, mekânın işlevi için, uygun olan reverberasyon süresinin sağlanması ve ses yutucu yüzeylerin, mekân içerisinde düzenli bir şekilde dağıtılması gerekmektedir [10].

Çizelge 3.3.'te, müzik işlevli mekanlar için önerilen, orta frekanslardaki reverberasyon süresi değerleri; mekanın boş olduğu koşullara yönelik olup, mekan içerisinde kullanıcı veya dinleyicilerin varlığı ile mekandaki ses yutucu miktarında, önemli düzeyde artış sağlanmış olmaktadır. Dinleyicilerin, ses yutma katsayılarının yüksek olması nedeniyle, boş veya dolu mekânlarda, reverberasyon süresinde büyük farklılıklar oluşabilmektedir. Bu farklılığın azaltılması için, ses yutma katsayısı yüksek olan, ağır yoğunluklu koltukların kullanılması tercih edilmektedir. Küçük konser salonlarında, provalar sırasında, bu farklılığın azaltılması için, ses yutucu hareketli perde sistemlerinin kullanılması önerilmektedir [10].

c. Mekânın geometrisi veya formu

Mekânın formu ve oranlarının bilinmesi önemlidir. Büyük konser salonları ve resital odalarında; oda yüzeyinin geometrisi ses kaynağından dinleyicinin kulağına giden ses yansımalarını belirlemektedir. Direkt sesin yaklaşık 80 milisaniye içinde ulaştığı erken yansımalar, dinleyicinin işitme sistemi ile bütünleşerek müziğin orijinal ses seviyesini artırır (50 milisaniye konuşma için uygun olan düzeydir) [10].

Yansıyan seslerin gecikme süresinin, çok uzun olması durumunda, mekân içerisinde "yankı veya eko" oluşabilmektedir. Örneğin, konser salonlarının arka duvarlarının, yansıtıcı yüzey olarak (cam veya duvar) tasarlanması durumunda, arka duvardan yansıyan sesler, "yankı veya eko" olarak algılanabilmektedir. Mekânı çevreleyen, kubbe veya tonoz gibi iç bükey yansıtıcı yüzeyler, odaklanma etkisi nedeniyle, mekân içerisinde homojen olmayan, bir ses dağılımına neden olmaktadır. Bu nedenle, müzik işlevine sahip olan mekânlar için önerilmemektedir [10].

Grup veya müzik çalışma odaları gibi daha küçük odalarda geometri, ses spektrumları boyunca özellikle düşük frekanslarda, ses dalgalarının yayılımını etkilemektedir. İki paralel duvar yüzeyi, belli bir ses dalgası ile çakıştığında, belli bir dalga oluşmakta ve sesin dengesi bundan etkilenmektedir. Bazı notalar diğerlerine göre daha baskın çıkmakta ve dengesiz bir ses dağılımına neden olmaktadır. Bu nedenle, kare, altıgen, sekizgen formlardaki plan tiplerinden kaçınılması önerilmektedir. Aynı etki, oda eni, oda yüksekliğine eşit olduğunda veya tam iki katı olduğunda da geçerlidir [10].

Düşük frekanslı seslerin yayılmasını kontrol etmenin bir yolu, mekânın ölçülerinin basit oranlara dayanmamasıdır. Örneğin, akustik açıdan, mekânın oranlarının, tam sayılardan oluşması (2:3:1) tavsiye edilmemektedir. Matematiksel olarak 1,25:1:1,6 oranı en ideal oran olarak kabul edilir ki buna altın oran da denmektedir. Fakat bunun dışında birçok farklı oran da bu orana denk olarak işe yaramaktadır. Paralel olmayan duvarların kullanılması ve ses yutucu yüzeylerin mekân içerisinde homojen dağıtılması ile bir mekânda "tekrarlanan eko" engellenebilmektedir. Ancak bu durum, mimari açıdan çoğu zaman sağlanamamaktadır [10].

d. Sesin dağılarak veya saçılarak yansıması:

Müzik işlevli mekânlarda, uygun olan reverberasyon süresine ek olarak;

- Yankı (veya eko) ve tekrarlanan eko oluşması engellenmeli,
- Mekân içerisinde, sesin homojen olarak dağılımı sağlanmalıdır [10].

Bu durum, açılı veya dışbükey yansıtıcı yüzeylere sahip olan, ses dağıtıcı yüzeyler ile sağlanabilmektedir. Bir mekândaki, kitap rafları veya salondaki balkon alınları, ses dağıtıcı yüzey olarak görev yapabilmektedir [10].

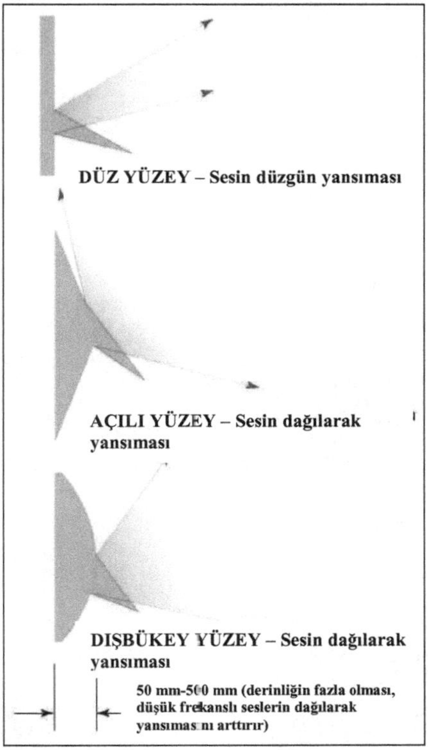

Şekil 3.3. Düz yüzey, açılı yüzey ve dışbükey yüzeylerden sesin yansıması [10]

e. Oda çeşitleri

i. Müzik sınıfları

Şekil 3.4., farklı enstrümanları barındıran ve sınıf düzeyi aktiviteler için tasarlanmış 65 m^2 büyüklüğünde bir odayı göstermektedir.

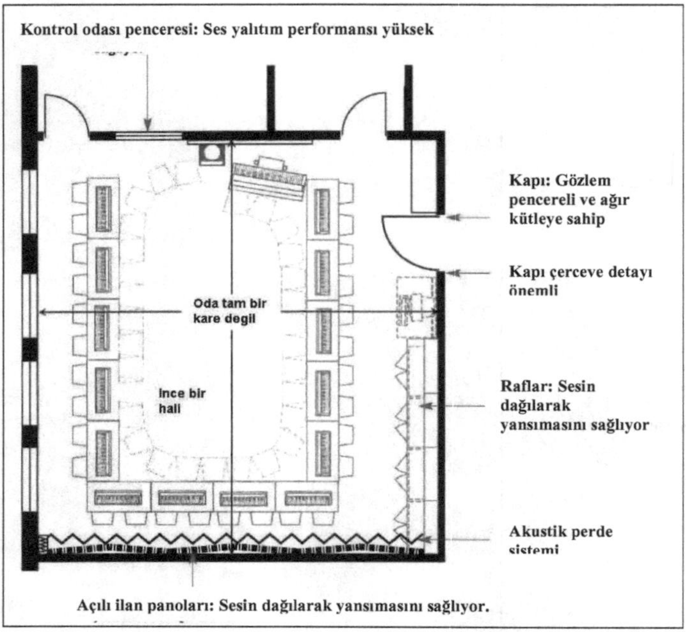

Şekil 3.4. Müzik odasının akustik olarak ele alınması [10]

Odanın oranları söz konusu olduğunda, tam bir kare olma durumundan kaçınıldığı gözlemlenmektedir. Yükseklik 2,7 ile 3,5 m arasında düşünülmüştür. Mekânın akustik değerlendirmesi şu açılardan ele alınmıştır:

- Tekrarlanan eko veya paralel duvarlar arasında ilerleyen dalgaları minimize etmek için yüzeyler, sesin dağılarak yansımasını sağlayacak şekilde tasarlanmıştır. Yan duvarlar ise, vurmalı enstrümanların konulduğu raflar olarak tasarlanmıştır. Arka duvarlarda çerçevelenmiş ilan panoları (yutulma yapmayan bir kaplama ile) belli bir açı ile konumlandırılmıştır. Arka duvarlardaki, uzun kalın perde, mekânın akustiğini çeşitlendirmek için tasarlanmıştır [10].

- Gözlem penceresi ve kapı, iki mekân arasındaki ses yalıtımını yüksek düzeyde sağlamaktadır. Gözlem pencereli ve ağır kütleye sahip olan kapıya ait detaylar, Şekil 3.5 ve 3.6'da verilmiştir. Akustik kapının, ses yalıtım detaylarının amacı, duvarın ses yalıtım performansının düşmesini engellemektir [10].

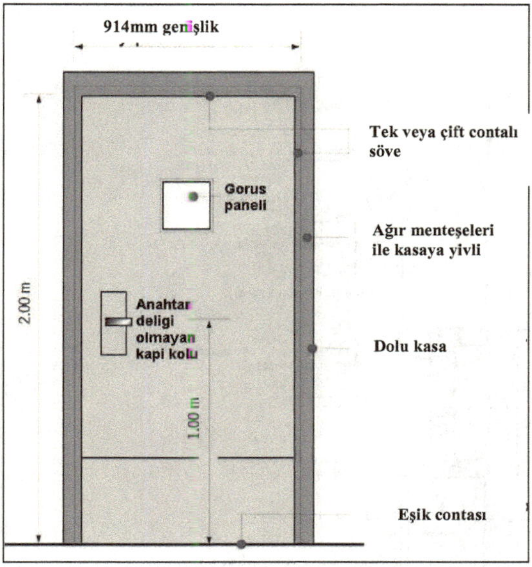

Şekil 3.5. Akustik kapının ses yalıtım detayları [10]

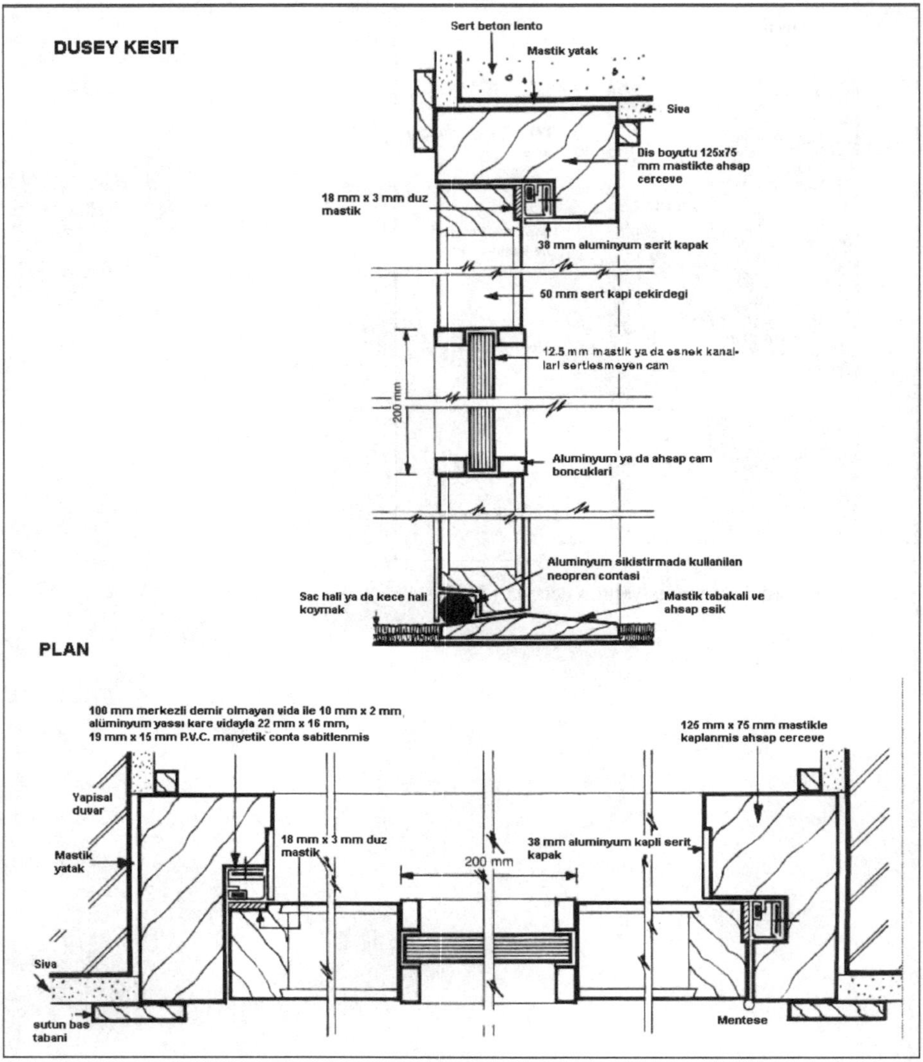

Şekil 3.6. Akustik kapı ses yalıtım detayları (plan ve kesit) [10]

- Döşeme, yutucu yüzeye sahip olan bir halı ile tavan ise sert ve yansıtıcı yüzeye sahip bir malzeme ile kaplanmıştır. Yutucu yüzeye sahip olan halının, mekânın reverberasyon süresi üzerinde önemli düzeyde etkisi bulunmaktadır [10].

ii. Resital odaları

Şekil 3.7; 6,85 m²'lik bir sınıfı göstermektedir. Odanın oranları; 2,6:3,8:1 şeklinde oluşturulmuş, tavan yüksekliği 2,7 ile 3,5 m arasında değişmektedir. Akustik değerlendirme 65 m²'lik oda ile aynıdır, fakat bu mekân daha büyük ve prova için daha uygun olduğundan kalın perdeler iki bitişik duvar üzerinde kullanılabilir [10].

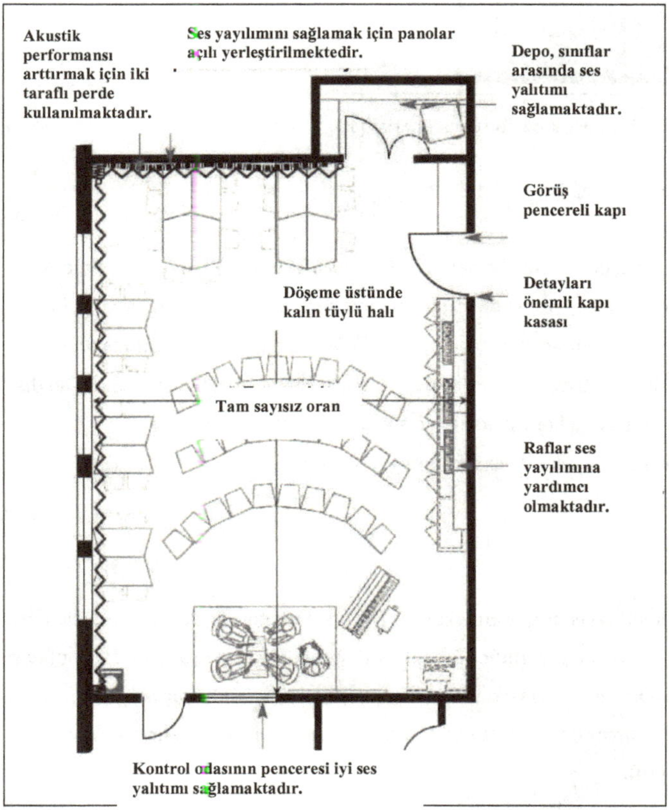

Şekil 3.7. Müzik sınıfları / resital odası için akustik öneriler [10]

iii. Çalışma odaları

Şekil 3.8; 8 m²'lik toplu ve bireysel çalışmaların yapılabildiği grup odasını göstermektedir [10].

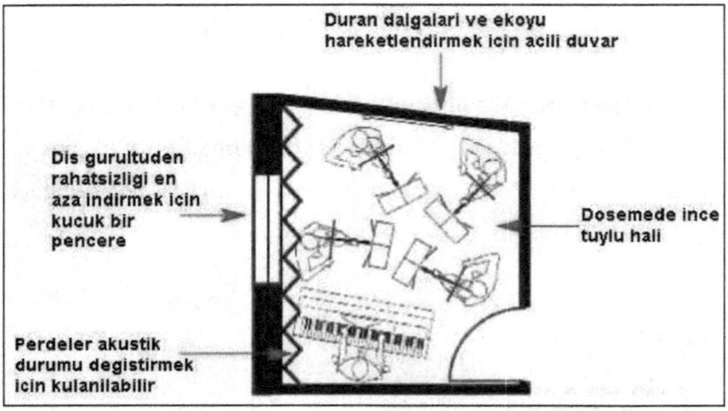

Şekil 3.8. 8 m^2'lik grup odasında akustik performans önerisi [10]

Örnekte şu unsurlar ön plana çıkmaktadır:

- Bir duvar, titreşimi ve ses dalgalarını engellemek için 7 derecelik bir açıda yapılmıştır (küçük odalarda önemlidir). Pencere ve kapı diğer duvarlara önemli derecede yayılım sağlamaktadır.
- Pencerede kalın bir perdenin kullanılması yutuculuğu arttırmakta ve gürültüyü azaltmaktadır.
- Pencere çok küçüktür ve duvarın tam ortasında yer almaktadır. Bunun amacı, mekâna ulaşan dış gürültüyü kontrol altında tutmak ve komşu odalar arasında ses geçişini engellemektir.
- Döşeme ve tavan uygulamaları büyük odalardaki gibi yapılmaktadır [10].

iv. Topluluk odası

Şekil 3.9; 25 m^2'lik bir topluluk odasını göstermektedir. Biçimsel olarak incelenecek olursa, daha büyük odalar için uygulanan kurallar geçerlidir. Tavan 3 m yüksekliğinde veya daha fazla olması istenmektedir. Yüzeylerde istenen reverberasyon süresini elde etmek için yerde bir halı, bas seslerin emilimi için alçı pano kullanılmalıdır. Bir duvar boyunca uzanan akustik kalın perde akustik değişim sağlayabilmektedir [10].

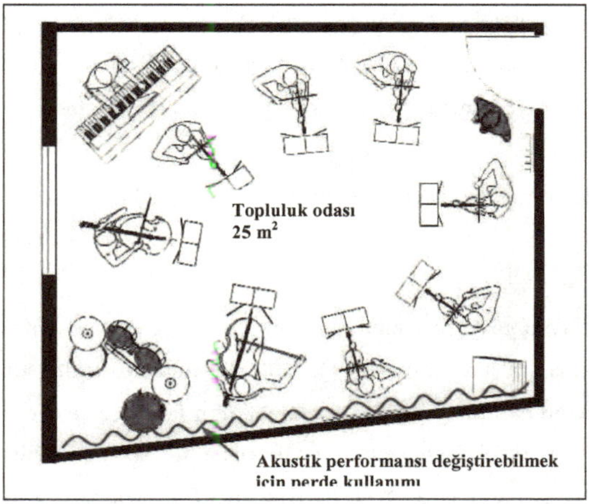

Şekil 3.9. 25 m^2'lik topluluk odası için akustik performans önerisi [10]

v. *Kayıt için kontrol odası*

Şekil 3.10; 11 m^2'lik bir kayıt kontrol odasını göstermektedir. Öğretmen veya herhangi biri, yan odada olan bir performansı kulaklıkla dinleyerek kaydedebilir. Çizelge 3.3.'de ki reverberasyon süresi 0,5'den küçük olarak belirlenmiştir.

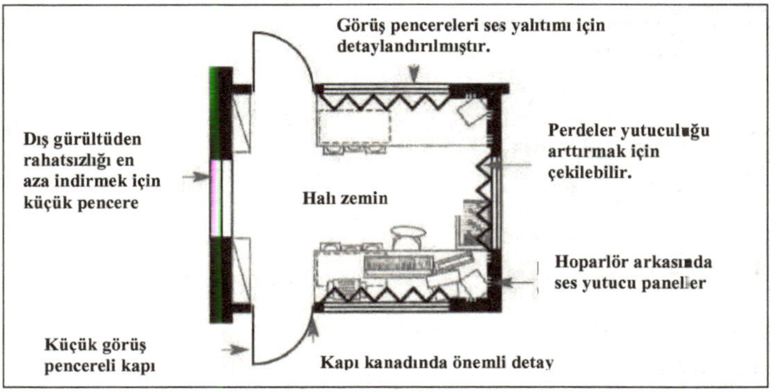

Şekil 3.10. Kontrol ya da kayıt odaları için akustik performans önerisi [10]

Akustik unsur olarak şunlar ön plana çıkmaktadır:

- Hoparlörlerin arkasındaki duvarların üzerindeki ses emici paneller hoparlör sesini saptıran güçlü erken ses yansımalarını kontrol etmektedir.

- Pencere duvarındaki raflar ses yayılımını sağlamaktadır.
- Kalın perdeler üç gözlem penceresine monte edilmiştir. Perde çekildiğinde titreşim ve belirgin rezonans sorunları azaltılmaktadır. İdeal olarak her cama paralel % 5 eğimle bir cam eklemesi daha yapılırsa etki daha fazla olabilir.
- Pencere, dış gürültünün rahatsız etmemesi amacıyla küçük tutulmuştur. Gün ışığını kontrol için jaluzi kullanılabilir.
- Döşeme, halı ile kaplanmıştır.
- Şekil 3.11; kontrol odası penceresinin detayını göstermektedir. Aynı rezonansı engellemek için farklı kalınlıkta iki ayrı cam tabaka kullanılmıştır. Hava boşluğu 100-200 mm ile ayrılmıştır (50mm minimum). Camın her parçası doğrudan ses yolundan kaçınmak için farklı çerçevelere sabitlenmiştir. Cam, ahşap doğramadan ayrılması için suni kauçuk conta ile sabitlenmiştir. Akustik yutucu malzeme (camyünü, taşyünü) hava boşluğundaki enerjiyi yutması için kullanılmıştır [10].

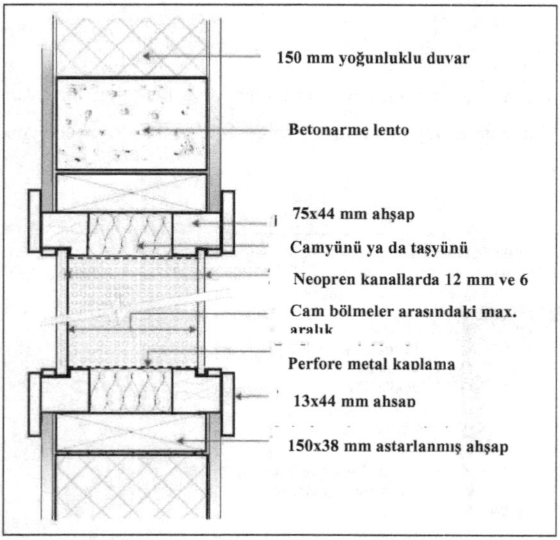

Şekil 3.11. Kontrol odası penceresinden kesit [10]

vi. Kayıt stüdyoları

Kayıt stüdyoları, okullarda nadiren yer almaktadırlar. Kontrol odasında grup odası veya resital odasını gören bir izleme penceresi bulunmaktadır. Profesyonel bir kayıt odası Çizelge 3.5'de belirtilenden daha düşük bir arkaplan gürültü düzeyi gerektirmektedir.

Çizelge 3.5. Arka plan gürültü düzeyi için performans standartları - Arka plan gürültü düzeyi için üst sınırlar, L_{Aeq}, 30 dak [10]

Oda tipi	Hava kaynaklı ses yalıtım amacıyla oda sınıflandırması		Arka plan gürültü düzeyi için üst sınır, $L_{Aeq, 30\ dak}$ (dB)
	Faaliyet gürültüsü (kaynak oda)	Gürültü tahammülü (alıcı oda)	
Müzik sınıfları	Çok yüksek	Düşük	35
Küçük çalışma / grup odası	Çok yüksek	Düşük	35
Topluluk odası	Çok yüksek	Çok düşük	30
Performans / resital odası	Çok yüksek	Çok düşük	30
Kayıt stüdyosu	Çok yüksek	Çok düşük	30
Kayıt için kontrol odası	Yüksek	Düşük	35

Çizelge 3.6. Mekanlar arasında darbe kaynaklı ses yalıtım için performans standartları - Minimum ağırlıklı BB93 standart seviye farkı [10]

Minimum $D_{nT\ (Tmf,max),\ w}$ (dB)		Kaynak odada faaliyet gürültüsü (Çizelge 3.5.'e bakınız)			
		Düşük	Ortalama	Yüksek	Çok yüksek
Alıcı odada gürültü tahammülü (Çizelge 3.5.'e bakınız)	Yüksek	30	35	45	55
	Orta	35	40	50	55
	Düşük	40	45	55	55
	Çok düşük	45	50	55	60

Çizelge 3.7. Öğrenciler tarafından kullanılan diğer mekanlar ve sirkülasyon mekanları arasındaki darbe kaynaklı ses yalıtım için performans standartları – minimum ses azaltma indeksi, R_w ve minimum $D_{n,e,w}$ – 10 logN (laboratuar ölçümleri) [10]

Öğrenciler tarafından kullanılan mekânların tipi	Minimum R_w (dB)		Minimum $D_{n,e,w}$–10 log N (dB)
	Herhangi bir camlı kapı içeren duvar	Kapı	
Müzik odaları dışında tüm mekânlar	40	30	39
Müzik odaları	45	35	45

vii. İşitsel araç gereç

İşitsel kayıt aletlerinin tasarımı ve seçimi çok çabuk değişebilen ve bulunan teknolojilerin kısa zamanda gündem dışı kaldığı bir konudur. Okul içindeki personel belirli öğeler için kendi tercihlerini kullanmalarına rağmen, sadece birkaç sistemin deneyime ve alternatiflere bağlı olduğu düşünülmelidir. Tasarımcı ekipmanlar için tavsiye almalıdır [10].

f. Müzik performansı için büyük salonların akustik tasarımı

i. Biçim ve büyüklük

Akustik performansta; yeterli reverberasyon için uygun hacim, yan duvarlardan güçlü yansımalar ile iyi ses alanı sağlayacak bir biçimdir. Bir konser salonunda izleyici başına en az 8 m^3 hacim olmalıdır. Bu rakam, tiyatro ve sinemada olması gerekenin 2 katıdır. Birçok örnekte bu durum dikdörtgen bir kat planı ve yüksek bir tavan gerektirmektedir. Uzatılmış altıgen veya asimetrik biçimlerde de iyi çalışılabilmekte fakat çok iyi ve ileri bir akustik tasarım gerektirmektedirler. Yelpaze şekilli salonlar müzik dinlerken yan yansımaları sağlayamamaktadırlar [10].

Salon hacmini azaltma eğiliminde olmalarına rağmen balkonlar, localar ya da galeriler tercih edilebilir. Balkonun altındaki oturma yerlerinden sesin kabul edilebilir düzeylerde dinlenebilmesi için düzenlenen konsol küçük olmalıdır. Balkon veya localar büyük yan yüzeyli paralel duvarların tekdüzeliğini kırmak için de kullanılabilmekte, aksi takdirde titreşim yankıları oluşabilmektedir [10].

İçbükey (concave) yüzeyler (kubbe, beşik kemer, tonoz) akustikte problemlere yol açacağından bunlardan kaçınılmalıdır. Dinleyiciye yakın bir noktada içbükey yüzeylerden kaçınılamazsa, iyi bir yutucu ya da dağıtıcı kullanılmalıdır. Koltuklar eğimli bir yüzeydeyse çok fazla dik olmamalıdır. Müzisyenler yüksek yutucu dinleyici blokları önünde performans gösterirken zorlanırlar. Etki olarak çok az bir geri dönüş alırlar. Eğim, genelde tiyatro ve sinemalardan daha düşük olmaktadır. Konser platformunun şekil ve büyüklüğü de önemlidir. 90 parçalı bir senfoni orkestrası için en az 12x10 m'lik bir platform ve arkada koro basamakları için yeterli yer bulunması gerekmektedir. Platformun ön tarafı koltuk düzeyinden en az 40 cm yukarıda olmalıdır. Orkestra şefinin kürsüsünün olması arka tarafta koroda olan kişilerin onu görmesini kolaylaştırmaktadır. Bu kısmın etrafındaki yüzey akustik olarak yansıtıcı özellikte olmalıdır. Kendilerini ve diğerlerini duyabilmeleri ve bir kısım sesin de dinleyicilere yönlenebilmesi için yansıyan sesin bir kısmının sanatçılara gelmesi sağlanmalıdır [10].

ii. Kaplamalar

Tiyatro ve kongre salonlarından farklı olarak uygun hacimlerdeki konser salonlarındaki kaplamalar alçı, tuğla gibi yapı malzemelerinin kullanımıyla akustik olarak daha yansıtıcı olmaktadır. Düz, alçı pano veya ahşap malzemeler büyük alanlarda ve düşük frekanslarda daha yutucu olmaktadırlar. Bu frekanslar için oluşan reverberasyon süresi yetersiz kalmaktadır. Sonuçta, 'bas seslere tepki' ya da "sıcaklık" birçok salon için ortak problemdir. Eğer ahşap pano kullanılıyorsa masif kullanılmalı, ağır ve sert ağaçlar tercih edilmelidir. Kavisli ahşap panolar sıklıkla akustik yansıtıcı olarak kullanılmaktadır. Çünkü kavisleri onlara ekstra bir katılık sağlarken, kendi ses yutuculuklarını azaltarak, akustik bir yayılım sağlamaktadırlar [10].

Birçok konser sırasında koltuklar ve dinleyiciler ses yutuculuğun çoğunluğunu sağlamaktadırlar. Böylece koltuklar ve dinleyiciler; akustik ortam için önemli kontrol faktörü olarak ön plana çıkmaktadırlar. Oturma birimlerinin seçimi ve özelde; oturulan ve boş koltuklardaki göreceli yutuculuk çok önemlidir. En azından seyirci sayısından etkilenmeden analiz etme imkânı doğmaktadır. Koltuk yüzeyinde çok yutucu malzeme seçilmelidir fakat bu durum okullara uymamaktadır. Koltuk yüzeyi gerekirse aynı şekilde kaplanmalıdır. Aksi takdirde açılır kapanır koltukları olan salonlarda provalardaki ve konserlerdeki akustik şartlar farklılık gösterebilmektedir. Birçok oditoryum koltuğu üreticisi akustik testler sunmaktadır. Sabit koltuk olmayan durumlarda, koltuklar kaldırıldığında, provalar esnasında yankılanmayı azaltmak için kalın akustik perdeler veya başka yutucular kullanılabilir [10].

g. *Müzik ve konuşma için büyük dinleme salonu tasarımı*

Çizelge 3.8.; genel amaçlı dinleme salonu için gerekli genel akustik özellikleri listelemektedir.

Çizelge 3.8. Genel amaçlı dinleme salonu için gerekli genel akustik özellikler [10]

Düşük iç mekân gürültü düzeyleri	Havalandırma, ışıklandırma, ısıtma sistemlerinden gelen gürültünün en az olması istenir. Dışarıdan gelen sesler hiç algılanmamalıdır.
Sesin eşit dağılımı	Akustik, bir koltuktan diğerine değişmemelidir.
Akustik yetersizliklerin yokluğu	Eko ve odaklanma etkileri olmamalıdır.
Ses şiddeti ve akustik yeterlilik	Başka bir destekleyici materyal kullanmadan dinleyiciye giden ses olabildiğince yüksek olmalıdır.
Doğrudan gelen ses	Kaynaktan doğrudan gelen ses engellenmemeli ve mesafeler olabildiğince kısa olmalıdır.
İyi erken yansımalar	Döşemeden, duvarlardan, tavandan gerekli yankılanma düzeyi sağlanmalıdır.
Sanatçılara olan geri dönüş	Sesin bir kısmı sanatçıya geri dönmelidir. Bu durum sanatçıya güven verir. Korolara çok yardımcı olur.

Bu mekânların tasarımında 4 ortak yaklaşım vardır [10]:

1. Büyük hacimli bir konser salonu tasarımı (koltuk başı 10 m^3) ve konuşma söz konusu olduğunda dinleme salonu hacmini düşürmek: Bu yaklaşım tiyatro ve konuşma işlevinin geçerli olduğu

salonlar için önerilmektedir. Hacim büyük oranda düşürülemiyorsa bu yaklaşım, ciddi miktarda yutucu malzemenin kullanımını ve sistemin takviye edilmesini gerektirmektedir. Bu yaklaşıma uyan oditoryumlar yüksek kaliteli konuşma takviye sistemlerine dayanmaktadırlar. Yankılanmanın olduğu salonlarda bu tür bir tasarım zordur.

2. Küçük hacimli (6 m^3/koltuk) tiyatrolar için gerekli akustik kurulumlu, ekstra açılabilir oynar tavanlı mekânlar oluşturulabilir. Hacim, %80'e kadar arttırılmak istenirse bu pratik olarak mümkün olmamaktadır. Bu yaklaşım birçok kez denenmiş fakat sonuçlar pek başarılı olmamıştır. Çünkü düşük frekanslı uzun dalga boylu sesler için yeterince şeffaf büyük açıklıklar sağlamak zordur.

3. Uygun bir hacim ve reverberasyon süresi için perdeler veya farklı akustik malzemeler kullanılarak reverberasyon süresinde bazı değişiklikler oluşması sağlanabilmektedir. Sonuçta amaç, birden fazla kullanım için oditoryumların elverişli hale getirilmesidir. Bu durum bazı fonksiyonlar için geçerlidir ama müzik için geçerli olmayabilir. Büyük salonlarda perde kullanımı önemli etkiye sahiptir ve bu düşük frekanslarda az etki sağlamaktadır. Fakat küçük hacimlerde bu durum konuşma için "gümbürtü" ya da müzik için "ölü" alandır.

4. Küçük hacimli (koltuk başı 6 m^3) ve akustiği tiyatro için uygun olan bir salon elektro akustik ekipmanla daha yansıtıcı bir ses sistemine kavuşabilmektedir. Bu tür sistemler genelde akustiği doğal olarak zayıf olan salonlarda kurulmaktadır [10].

C. Konuşmanın anlaşılabilirliği

Açık plan öğretme ve çalışma mekânlarında konuşma iletim indeksi (STI) > 0,60'dır. Ölçümler; müzik veya konuşma için aşağıdaki yükseklikler kullanılarak yapılmalıdır:

Çizelge 3.9. Müzik veya konuşma için baş hizası yükseklikleri [10]

	Anaokullarında	**İlkokullarda**	**Ortaokullarda**
Oturan öğrenciler için	0,8 m	1,0 m	1,2 m
Ayaktaki öğrenciler için	1,0 m	1,2 m	1,65 m
Oturan öğretmenler için	1,2 m	1,2 m	1,2 m
Ayaktaki öğretmenler için	1,65 m	1,65 m	1,65 m

D. Ses yalıtımı

Ses seviyesi ve müzik mekânları arasındaki rahatsızlık durumu, kullanılan enstrümanlara göre değişmektedir. Enstrümanların gürültülerinin farklılaşmasına göre odalar arası yalıtım için gerekenler de değişebilmektedir. Burada önemli soru, maliyet ve esneklik arasındaki çelişkidir. Yüksek esneklik söz konusu olduğunda her enstrüman her odada çalınabilmektedir, fakat diğer taraftan maliyet olgusu buna bir engel oluşturmaktadır. Tüm binada aynı oranda yalıtım yapmak çok pahalıya gelebilmektedir. Alternatif olarak odaları çeşitli enstrümanlara göre ayırmak esnekliği kısıtlasa da, yalıtım için yapılan yatırımın verimli olmasını sağlamaktadır. Vurmalı çalgılar ve bando aletleri için ayrılan odalar en yüksek gürültü seviyelerini barındırmaktadır ve bina içinde yerlerinin seçilmesinde önemlidir. Titreşimlerin bina yapısını en az etkilemesi için vurmalı çalgı odaları mümkünse bodrum katlarda olmalı, aksi takdirde yüzer döşeme yapılmalıdır [10].

Çizelge 3.10. Konuşma ve müzik için mekânlarda genel akustik gereklilikler [10]

Konuşma	**Müzik**
"Kuru" akustik	"Canlı" ya da "sıcak" akustik
Kısa reverberasyon süresi	Uzun reverberasyon süresi
İyi netlik, ses şiddeti ve konuşma anlaşılabilirliği	Sesin tam olarak sönümlenmesi
Oda yansımalarıyla sesin sahneden geldiği hissedilmeli	İyi "sarma"- dinleyici kendini sesle sarmalanmış hissetmesi ve müzisyenlerin kolayca birbirlerini ve kendilerini duymaları gerekir.
Küçük hacim	Büyük hacim

Çizelge 3.11. Öznel değerlendirmelerin karşılaştırılması [10]

	Mekânın akustik karakterinin öznel gösterimi	**Akustik ölçümler**		
		Orta frekans reverberasyon süresi, T_{mf} (s)	**Katlarda ses yalıtımı D_{nT} $_{(Tmf,max),w}$ (dB)**	**Arka plan gürültü düzeyi L_{Aeq} (dB)**
Müzik odası	Orta derecede yankı. Ses alanı yaygın. Yeterli ses şiddeti.	1,0	-	-
Çalışma odası	Ilımlı yankılanma. Olmayan yaygın ses alanı. Yankılanma yatay düzlemde yoğunlaşmaktadır. Bitişik odada çalınan aletler duyulabiliyor fakat tolere edilebilir.	0,4	2 ve 3 çalışma odası arasında 44	-
Toplululuk odası	Ilımlı yankılanma. Yeterli ses şiddeti. Sessizlik durumlarında sadece çalışma odalarında rahatsızlık.	-	Çalışma odası ve topluluk odası arasında 47	-
Koridor	Topluluk odalarından klarnet ve çalışma odalarından piyano açıkça duyulabilir.	-	-	-

Müzik mekânlarının akustik tasarımı hakkında önemli noktalar;

- Binanın konumu, diğer binalardan belli bir mesafede olmalıdır.

- Büyük müzik odası ve grup odaları tam yükseklikte duvarlar, koridorlar ve tampon bölgelerle ayrılmalıdır.
- Büyük müzik odası için basit bir dikdörtgen plan şekli seçilmelidir.
- Çalışma odaları için paralel olmayan duvarlar seçilmelidir.
- Topluluk odasında ses yayılımını sağlamak için basit açılı duvar panelleri kullanılmalıdır.
- Uzun reverberasyon süresi sağlamak için büyük müzik odasında, duvarlar ve tavanlar için sert, akustik yansıtıcı malzeme kullanılmalıdır [10].

Amerika mevzuatı (ANSI)

A. Reverberasyon Süresi

Oturulmayan, mobilyayla döşenmiş 566 m^3'ten fazla hacmi olmayan öğrenme alanlarındaki maksimum izin verilebilir reverberasyon süresi Çizelge 3.12.'de belirtilmiştir.

Çizelge 3.12. Reverberasyon süreleri [21]

Kapalı hacimli temel öğrenme alanı < 283 m^3 (< 10 000 ft)	500, 1000, 2000 Hz' de 0,6 s
Kapalı hacimli temel öğrenme alanı > 283 m^3 ve ≤ 566 m^3 (> 10 000 ft^3 ve ≤ 20 000 ft^3)	500, 1000, 2000 Hz' de 0,7 s
Kapalı hacimli temel öğrenme alanı > 566 m^3 (20 000 ft^3) ve tüm yardımcı öğrenme alanları	500, 1000, 2000 Hz' de ---

Araştırmalara göre, reverberasyon süresinin konuşma anlaşılabilirliği üzerindeki etkisi öncelikle 500, 1000 ve 2000 Hz frekanslarında kontrol edilmektedir. Küçük ve orta büyüklükteki sınıflarda 0,6 saniye ya da daha altındaki reverberasyon süreleri, daha büyük sınıflarda ise 0,7 ve altındaki reverberasyon sürelerinin sinyal-gürültü oranı +15dB oranında sürdürüldüğü takdirde konuşma anlaşılabilirliğini düşürmediği varsayılmaktadır (Çizelge 3.12.'deki reverberasyon süreleri boş ve döşeli sınıflar için verilmiştir. Dolu alanlar için yankı süresinin 0,1 ile 0,2 saniye olması beklenmektedir). Arka plan gürültüsü performans kriterleri yerine getirildiği takdirde bu sinyal-gürültü oranlarına erişilebileceği düşünülmektedir [21].

B. Sınıfta konuşma seviyesi

Sözlü iletişim ve öğretmenlerin sınıftaki konuşma ses seviyeleriyle ilgili araştırma çalışmaları ortalama A-ağırlıklı ses seviyesinin sessiz bir sınıfta 1 m'de 67dB olduğunu göstermektedir.

Reverberasyonun az olduğu tipik sınıflarda sınıfın arkalarındaki konuşma ses seviyesi 50dB kadar düşük olabilmektedir. Bu standarttaki arka plan gürültü düzeyi kriterleri sınıfın herhangi bir yerinde minimum konuşma ses seviyesinin 50dB olacağını varsaymaktadır [21].

C. Arka plan gürültü düzeyi

Çizelge 3.13.'deki sınıflarda arka plan gürültü düzeyi için 35dB akustik performans kriteri en az +15 olan sinyal-gürültü (signal-to-noise) oranının gürültünün sınıf içinde öğrenmeyi engelleyen bir bariyer olmayacağı varsayımına dayanmaktadır. 50dB'lik minimum bir konuşma olduğu varsayıldığında eğer arka plan gürültü düzeyi 35dB'li aşmazsa sinyal-gürültü oranı için +15dB'e her zaman ulaşılacaktır. Sinyal-gürültü oranı için +15dB seçilmesi birçok gerekçeye dayandırılmaktadır. Amerikan Konuşma Lisan İşitme Uzmanları Birliği işitme sorunu ve dil bozukluğu olan çocukların yüksek anlaşılabilirliğe ulaşmak için en azından +15dB'lik bir sinyal-gürültü oranını tavsiye etmektedir. Ayrıca bu ekte özetlenen araştırma literatürü +15dB'lik bir sinyal-gürültü oranını desteklemektedir [21].

Normal yetişkinler kısa süreliğine basit ve bildikleri bir konuşmanın parçasını dinlediklerinde yüksek konuşma anlaşılabilirliğine ulaşmak için 0dB'e ihtiyaç duyarlar. Ekstra 2dB nörolojik gelişmemişliği (immaturiteyi) telafi etmek için, ekstra 5dB sensorinöral ve geçici işitme kayıplarını telafi etmek için, ekstra 5dB; sınırlı İngilizce yeterliliği, dil bozukluğunu ve ekstra 3dB aşırı yankının etkilerini telafi etmek için gereklidir. Sınıflar için ekstra koşullar ise normal yetişkinlerin ihtiyaç duyduğundan 15dB ya da sinyal-gürültü oranı +15dB fazla istemektedir. Bu sonuç küçük sınıflardaki çocukların tanıdık olmadıkları bir konuşmayı dinliyor olabildikleri gerçeğiyle ilişkilendirilebilecek sinyal-gürültü oranındaki herhangi bir artışı içermemektedir [21].

Çizelge 3.13. Arka plan gürültü düzeyleri [21]

Kapalı hacimli temel öğrenme alanı < 283 m^3 (< 10 000 ft^3)	35 dBA
Kapalı hacimli temel öğrenme alanı > 283 m^3 ve ≤ 566 m^3 (> 10 000 ft^3 ve ≤ 20 000 ft^3)	35 dBA
Kapalı hacimli temel öğrenme alanı > 566 m^3 (20 000 ft^3) ve tüm yardımcı öğrenme alanları	40 dBA

Bir saat ortalamalı A-ağırlıklı sabit arka plan gürültü düzeyi yukarıda belirtilen limitleri aşmamalıdır. Arka plan gürültü sınırı aşağıdaki durumlar için uygun olmalıdır:

1) Öğrenme aktivitesinin gerçekleştiği süre boyunca en gürültülü devam eden bir saatlik devir için,

2) Dış ve iç gürültü kaynakları aynı anda etki ettiğinde,

3) Bilgisayar ve görsel-işitsel araçlar gibi taşınabilen ve yerleşik (gömme) eğitim gereçleri kapatıldığında [21].

a. Toplu taşıma gürültü kaynaklarından gelen arka plan gürültü düzeyi

Eğitimle ilgili yapıların öğrenme alanları, hava taşıtı, otomobiller ve trenler gibi ulaşım gürültüsünden kaynaklanan gürültü düzeyini sınırlayacak şekilde konumlandırılmalı ve tasarlanmalıdır. Çizelge 3.13.'deki A-ağırlıklı arka plan gürültü düzeyindeki limitler, ulaşım gürültüsünün sebep olduğu en gürültülü saatte ve aşağıdaki şartlar A-ağırlıklı arka plan gürültü düzeyi için uygun olduğunda 5dB'e kadar çıkarılmalıdır. Kapalı hacmi 566 m^3 (20 000 ft^3) den fazla olan temel öğrenme alanları için bu seviye en gürültülü saatin %10'undan fazlası için 40dB'i ve yardımcı öğrenme alanlarında bu oran en gürültülü saatin % 10'undan fazlası için 45dB'i geçmemelidir [21].

b. Yapı servislerinden kaynaklanan arka plan gürültü düzeyi

HVAC sistemlerinden ve diğer yapı servislerinden eş zamanlı olarak etki eden arka plan gürültü düzeyi Çizelge 3.13.'deki bütün işlem modlarına (örneğin soğutma, ısıtma, havalandırma ve rutubetini alma), maksimum işlem şartlarında (örneğin tüm ışıkların yandığı maksimum fan hızı) uygunluk göstermelidir. Su tesisatı sistemlerinden (tuvalet ve banyolar) kaynaklanan ve en gürültülü hallerinde etki eden değişken arka plan gürültü düzeyleri de herhangi bir saatteki normalde sınırlı olan çalışma sürelerini göz önünde bulundurarak yukarıda belirtilen limitlere uymalıdır [21].

c. Eğitim araç-gereçlerinden kaynaklanan arka plan gürültü düzeyi

Bu standart için eğitim araç-gereçlerinden kaynaklanan gürültü, arka plan gürültü kaynakları içine dâhil edilmemektedir. Fakat özellikle gömme eğitim araç-gereçlerinden kaynaklanan bu tür gürültülerin kontrolü yenilenmesi düşünülen okullar için yapılacak plan aşamalarında belirtilmelidir [21].

D. Ses yalıtımı

a. Ses yalıtımı için ihtiyaçlar

Bir okuldaki öğrenme alanları ve diğer alanlar arasında iyi yalıtım sağlamanın birinci ve en uygun maliyetli adımı, tesisin planlama aşamasında atılmaktadır. Bu adım, hassas öğrenme alanlarını korumak için gürültülü alanların ve aktivitelerin yerleşimini en uygun halde kullanmayı içermektedir. Bunun mümkün olmadığı yerlerde ses yalıtımı gereklidir. Boş olmayan tesislerde bir alanda oluşan aktivite gürültüsü duvarlar, zemin, tavan ve kapılar yoluyla bitişiğindeki öğrenme alanlarına iletilebilir ve bu da bu alanlardaki genel arka plan gürültüsünü fazlalaştırır. Ses yalıtımı, kullanılan tesislerdeki temel öğrenme alanları ve bitişiğindeki alanlar arasındaki gürültü iletimini sınırlamak için gereklidir. Çizelge 3.14. ve Çizelge 3.15.'deki minimum STC oranları bitişik alanlarda normal aktiviteler için ses yalıtımını sağlamayı amaçlamaktadır [21].

Bazı eğitim modelleri (açık plan ve toplu öğrenme gibi) öğrenme grupları arasındaki çevrelemelerin kullanımından kaçınılmalıdır. Bitişik öğrenme gruplarını bazen ses bariyerleri ayırmakta, bazen ise hiç bariyer bile yapılmamaktadır. Bitişik öğrenme grupları arasındaki ses yalıtımı, her bir öğrenme grubu tavan yüksekliğindeki ses bariyerleriyle tam olarak çevrilmedikçe sağlanamaz. Mevcutta var olan düşük ses yalıtımı nedeniyle kısmi çevrilmiş (kapatılmış) ya da çevrilmemiş öğrenme alanları iyi bir iletişim sağlanmak isteniyorsa tercih edilmemelidir. Kullanılan çok katlı eğitim yapılarında yukarıdaki sınıfın zemininden aşağıdaki öğrenme alanına iletilen darbe gürültüsünün iletimi de arka plan gürültü düzeyini arttırmaktadır [21].

b. Ses yalıtımı tasarım koşulları

Bu standartta, öğrenme mekânları için uygun ses yalıtımı sağlayabilecek basit ve karmaşık yapılar için STC (hava kaynaklı ses iletim sınıfı) ve IIC (darbe kaynaklı ses iletim sınıfı) oranları minimum değerlerle belirlenmektedir. Mimari tasarım sürecinde başarılan bu minimum değerlerin seçimleri arka plan gürültüsünün iç ve dış kaynaklardan çevrilmiş öğrenme alanlarına iletimini sınırlamada temel oluşturmaktadır. İnşa edildikten sonra ses yalıtımının uygun olduğunu doğrulamak için bir alan ölçümü yapılabilir. Müzik sınıflarındaki gibi yüksek ses yalıtımı gereken mekânlarda ortak katlar, duvarlar ve çatılar boyunca yan taraflardan sesin gelmesi ve bu sesin ses iletim yollarında kontrol edilememesi ses yalıtımı açısından sınırlayıcı bir faktör olabilir [21].

c. Havada yayılan ses iletim sınıfı (STC)

Çizelge 3.14. Bir komşu mekândan temel öğrenme mekânını ayıran tek veya kompozit duvar, döşeme-tavan ve çatı-tavan montajları için gerekli minimum STC değerleri [21]

Komşu mekânlar			
Diğer kapalı veya açık plan temel öğrenme alanı, konuşma odası, sağlık odası ve açık hava	Ortak kullanım ve kamu kullanımı wc ve banyo	Koridor, merdiven, ofis ya da konferans odası	Müzik odası, tesisat odası, cafe, jimnastik salonu ve kapalı yüzme havuzu
50	53	45	60

Çizelge 3.14.'deki minimum STC oranları bir komşu mekândan, temel öğrenme mekânını ayıran tek veya kompozit duvar, döşeme-tavan ve çatı-tavan birleşiminin akustik tasarımı için uygundur. Birleşme kapı ve pencere gibi iki öğe içerdiğinde bu kompozit cidarın STC'si Çizelge 3.14.'deki koşullara uygunluk göstermelidir [21].

Duvarlar ve döşeme-tavan birleşmelerinde tesisat, elektrikli aletler, girintili kabin, kemer alt yüzeyi ya da ısıtma, havalandırma için girişler ve açıklıklar yapılırsa tasarımda STC oranları etkili olmamaktadır. Çizelge 3.14.'deki STC oranları öğrenme alanlarını bölen geçici bölmelerin tasarımı için de uygulanabilir [21].

Çizelge 3.15.'de yardımcı öğrenme mekânını çevreleyen ya da iki yardımcı mekânı ayıran bölmeler (yani duvarlar ve döşeme-tavan birleşmeleri) için STC oranlarıyla ilgili tavsiyeler verilmektedir. Kapılar, pencereler ya da HVAC kanalları gibi iki veya daha fazla öğeden oluşuyorsa bu kompozit yapının STC'si Çizelge 3.15.'deki tavsiyelere uymalıdır [21].

Çizelge 3.15. Bir komşu mekândan yardımcı öğrenme mekânını ayıran tek veya kompozit duvar, döşeme-tavan ve çatı-tavan montajları için önerilen minimum STC değerleri [21]

Yardımcı öğrenme alanları	**Ortak kullanım ve kamu kullanımı wc ve banyo**	**Müzik odası**	**Ofis ya da konferans odası**	**Açık hava**	**Tesisat odası, cafe, jimnastik ya da kapalı yüzme havuzu**
Koridor	45	60	45	45	55
Müzik odası	60	60	60	45	60
Ofis ya da konferans odası	45	60	45	45	60

d. Kompozit bölmeler

Çizelge 3.14.'deki gereken minimum STC (ses iletim sınıfı) oranları basit ya da kompozit bölmelere uygundur. Çizelge 3.14.'de verilenden daha az STC oranına sahip olan kapı ve pencereleri içeren duvar birleşimleri için kompozit yapının gereken minimum STC oranına uyması için daha yüksek bir STC oranı gerekmektedir. Bu tasarım tekniği aynı zamanda Çizelge 3.15.'deki yardımcı alanları çevreleyen bölmeler için de tavsiye edilebilir [21].

e. Sınıflara ve diğer temel öğrenme alanlarına giriş kapıları

Kompozit duvarlar için Çizelge 3.14'deki koşullara uymak için sınıflara ve diğer temel öğrenme mekânlarına giriş kapılarının 30 ya da daha fazla STC oranına sahip olması beklenmektedir. Müzik odalarına ya da müzik odaları arasındaki iç giriş kapıları 40'tan az olmamalıdır. Bir koridorun karşısındaki sınıf giriş kapılarının yerleşimi bu sınıflar arasındaki gürültü iletimini minimuma indirecek şekilde ayarlanmalıdır. Ses yalıtımlı kapıların contalarının iyi ayarlanmış olduğundan emin olunmalıdır. Giriş kapılarının contaları gerektiği şekilde 6 ayda bir incelenmeli ve ayarlanmalıdır. Kapı contaları asla boyanmamalıdır [21].

f. Darbe kaynaklı ses iletim sınıfı (IIC)

Temel öğrenme alanlarının üstünde bulunan normalde dolu olan sınıfların döşeme-tavan birleşimleri en azından 45 ve tercihen 50 IIC oranına sahip olması gerekmektedir. Eğer aşağıdaki oda yardımcı öğrenme alanı ise döşeme-tavan birleşimi en az 45 IIC oranına sahip olmalıdır. Bu IIC oranları yukarıda yer alan odada halı döşemesi olmaksızın bu şekilde olmalıdır. Yeni yapılarda, spor salonu, dans stüdyosu ya da diğer yüksek darbeli aktiviteler, sınıfların ya da diğer temel öğrenme mekânlarının üstüne yerleştirilmemelidir. Mevcut yapıların yenilenmesinde; eğer bu tür istenmeyen bir durumdan kaçınmak mümkün değilse, döşeme-tavan birleşmesi ayrımının IIC oranı kapalı hacmi 566 m^3'ten fazla olmayan temel öğrenme alanının üstüne yerleştirildiğinde en az 70, kapalı hacmi 566 m^3'ten fazla olan bir temel öğrenme alanının üstüne yerleştirildiğinde 65 ve yardımcı öğrenme alanının üstüne yerleştirildiğinde ise 65 olmalıdır [21].

E. Konuşmanın anlaşılabilirliği

Arka plan gürültü düzeyinde konuşmanın anlaşılabilirliği

Sınıflardaki çoğu sözlü iletişim arka plan gürültüsünün varlığında gerçekleşir. Arka plan gürültüsünün mevcut olduğu durumlarda anlaşılabilirlik konuşmanın ses basıncı seviyesine ve sinyal-gürültü oranına bağlıdır. Hem konuşma hem de gürültünün ses seviyeleri dB cinsinden A-ağırlıklı ses seviyeleri olarak ifade edilmektedir. dB cinsinden ifade edilen gürültü düzeyine ilişkin sinyal-gürültü oranı (SNR), ses basınç seviyesinden arka plan gürültü düzeyinin çıkarılmasıyla elde edilen ses seviyesidir [21].

Reverberant ortamlarda konuşmanın anlaşılabilirliği

Sınıflar, sesin yankı yarattığı çevrelenmiş mekânlardır. 0,4 sn ile 0,6 sn'yi geçen reverberasyon süreleri hem sessiz hem gürültülü ortamlarda konuşmanın anlaşılabilirliğini azaltmaktadır. Konuşma algısı çalışması; bozuk konuşma, dil ve işitme yeteneği olan bireylerin, yankının olumsuz etkilerini dengelemek için bozukluğu olmayan bireylere kıyasla en azından 3dB daha olumlu sinyal-gürültü oranına ihtiyaç duyduğunu göstermektedir [21].

Almanya mevzuatı (DIN 4109)

A. Arka Plan Gürültü Düzeyi

Çizelge 3.16. Gürültüye duyarlı odalarda, yapı hizmetleri ve endüstriyel binalarda izin verilen ses basınç seviyeleri, dBA [20]

Gürültü kaynağı	**Eğitim odaları ve çalışma odaları**
Sıhhi tesisat (kombine su ve drenaj sistemleri)	≤ 35 [1]
Diğer bina servisleri	≤ 35 [2]
Endüstriyel ve ticari, gündüz çalışmaları	≤ 35 [2]
Endüstriyel ve ticari, gece çalışmaları	≤ 35 [2]

[1] Yalıtım için izin verilen, kısa süreli gürültü noktaları (açma, kapama, ayarlama, kesinti fonksiyonları).

[2] Tek sesler açıkça duyulmaksızın eğer gürültü devam ederse, en yüksek 5 dBA'ya kadar değerler HVAC ekipmanları için izin verilebilir.

B. Ses yalıtımı

a. Dış yapı elemanlarının havada yayılan ses yalıtımı

Çizelge 3.17.; Dış yapı elemanlarının havada yayılan ses yalıtım değerlerini ve Çizelge 3.18.; yapı elemanlarının havada yayılan ses yalıtım değerlerini vermektedir [20].

Çizelge 3.17. Dış duvarların havada yayılan ses yalıtım değerleri [20]

Gürültü seviye sınıfı	**İlgili dış gürültü düzeyi aralığı**	**Konutlarda dolu odalar, otel ve pansiyonlarda yatak odaları, sınıflar**
		Dış duvarlar Rw, dB
I	55'e kadar	30
II	56-60	30
III	61-65	35
IV	66-70	40
V	71-75	45
VI	76-80	50
VII	80'den daha fazla	Koşullara göre belirtilecektir.

Çizelge 3.18. Yapı elemanlarının havada yayılan ses yalıtım değerleri, dB [20]

Döşemeler	Sınıflar arasındaki katlar	55
	Koridor altındaki döşemeler	-
	Sınıflar ve jimnastik, müzik odaları, atölye gibi odalar arasındaki döşemeler	55
Duvarlar	Sınıflar arasındaki duvarlar	47
	Sınıflar ve koridorlar arasındaki duvarlar	47
	Sınıflar ve merdivenler arasındaki duvarlar	52
	Sınıflar ve jimnastik, müzik odaları, atölye gibi odalar arasındaki duvarlar	55
Kapılar	Sınıflar ve koridorlar arasındaki kapılar	32

b. Darbe kaynaklı ses basınç seviyesi ($L_{n,w}$)

Çizelge 3.19.; eğitim yapılarında darbe kaynaklı ses yalıtım değerlerini vermektedir [20].

Çizelge 3.19. Eğitim yapılarında darbe kaynaklı ses yalıtım değerleri, dB [20]

Döşemeler	Sınıflar arasındaki katlar	53
	Koridor altındaki döşemeler	53
	Sınıflar ve jimnastik, müzik odaları, atölyeler gibi odalar arasındaki döşemeler	46
Duvarlar	Sınıflar ya da benzer odalar arasındaki duvarlar	-
	Sınıflar ve koridorlar arasındaki duvarlar	-
	Sınıflar ve merdivenler arasındaki duvarlar	-
	Sınıflar ve jimnastik, müzik odaları, atölyeler gibi odalar arasındaki duvarlar	-
Kapılar	Sınıflar ve koridorlar arasındaki kapılar	-

3.1.3. Mevzuatların karşılaştırmalı analizi

Yukarıda incelenen ulusal ve uluslar arası mevzuatların Çizelge 3.20.'de karşılaştırmalı analizi yapılmış, çizelge halinde gösterilmiştir.

Çizelge 3.20. Ulusal ve uluslar arası mevzuatların karşılaştırmalı analizi

Konu			Türkiye (TS)	Almanya (DIN)	Amerika (ANSI)	İngiltere (BB93)
Hacim Akustiği	**Hacim akustiği**					Sayfa 64 Bölüm 5 Şekil 5.1
	Ses yutucu yüzeylerin dağılımı					Sayfa 65 Bölüm 5
	Mekânın geometrisi veya formu					Sayfa 66 Bölüm 5
	Sesin dağılarak veya saçılarak yansıması					Sayfa 67 Bölüm 5 Şekil 5.4
	Oda çeşitleri	**Müzik sınıfları**				Sayfa 67 Bölüm 5 Şekil 5.5
		Resital odaları				Sayfa 68 Bölüm 5 Şekil 5.6-5.7
		Çalışma odaları				Sayfa 70 Bölüm 5 Şekil 5.9-5.10
		Topluluk odası				Sayfa 72 Bölüm 5 Şekil 5.11
		Kayıt için kontrol odası				Sayfa 72 Bölüm 5 Şekil 5.12
		Kayıt stüdyoları				Sayfa 73 Bölüm 5
		İşitsel araç gereç				Sayfa 73 Bölüm 5
	Müzik performansı için büyük salonların akustik tasarımı	**Biçim ve büyüklük**				Sayfa 73 Bölüm 5 Şekil 5.13
		Kaplamalar				Sayfa 74 Bölüm 5
	Müzik ve konuşma için büyük dinleme salonu tasarımı					Sayfa 75 Bölüm 5 Tablo 5.1
Reverberasyon Süresi					Sayfa 5-13 Bölüm 4 Tablo 1	Sayfa 64 Bölüm 5 Şekil 5.1

Çizelge 3.20. (Devam) Ulusal ve uluslar arası mevzuatların karşılaştırmalı analizi

Konu			**Türkiye (TS)**	**Almanya (DIN)**	**Amerika (ANSI)**	**İngiltere (BB93)**
Sınıfta Konuşma Seviyesi					Sayfa 13 Bölüm A	
Arka Plan Gürültü Düzeyi			*(Çevresel Gürültünün Değerlendiri l-mesi ve Yönetimi Yönetmeliği)* Sayfa 30 Bölüm 14 Tablo 9	Sayfa 8 Bölüm 4 Tablo 4	Sayfa 5-6-13 Bölüm 3 Tablo 1	Sayfa 8-9-10-63 Bölüm 1-5 Tablo 1.1
	Toplu taşıma gürültü kaynaklarından gelen arka plan gürültü düzeyi				Sayfa 6 Bölüm 4	
	Yapı servislerinden kaynaklanan arka plan gürültü düzeyi				Sayfa 6 Bölüm 4	
	Eğitim araç-gereçlerinden kaynaklanan arka plan gürültü düzeyi				Sayfa 6 Bölüm 4	
Ses Yalıtımı						Sayfa 63 Bölüm 5
	Ses yalıtımı için ihtiyaçlar				Sayfa 6-7 Bölüm 4	
	Ses yalıtımı tasarım koşulları				Sayfa 7 Bölüm 4	
	Havada yayılan ses yalıtım sınıfı (STC)				Sayfa 8 Bölüm 4 Tablo 2-3	
	Kompozit bölmeler				Sayfa 8 Bölüm 4	
	Sınıflara ve diğer temel öğrenme alanlarına giriş kapıları				Sayfa 9 Bölüm 4	

Çizelge 3.20. (Devam) Ulusal ve uluslar arası mevzuatların karşılaştırmalı analizi

Konu			Türkiye (TS)	Almanya (DIN)	Amerika (ANSI)	İngiltere (BB93)
Ses Yalıtımı	**Darbe kaynaklı ses yalıtım sınıfı (IIC)**				Sayfa 9 Bölüm 4	
	Ses azaltma indeksi (Ses geçiş kaybı - R_w)	**Döşemeler**		Sayfa 7 Bölüm 3 Tablo 3		
		Duvarlar		Sayfa 7 Bölüm 3 Tablo 3		
		Kapılar		Sayfa 7 Bölüm 3 Tablo 3		
	Darbe kaynaklı ses basınç seviyesi ($L_{n,w}$)	**Döşemeler**		Sayfa 7 Bölüm 3 Tablo 3		
		Duvarlar		Sayfa 7 Bölüm 3 Tablo 3		
		Kapılar		Sayfa 7 Bölüm 3 Tablo 3		
Konuşmanın Anlaşılabilirliği					Sayfa 10 Bölüm A	Sayfa 15-16 Bölüm 1 Tablo 1.6

3.2. Performans Kriterlerinin Oluşturulması

Bir önceki bölümde; Türkiye, İngiltere, Amerika ve Almanya mevzuatları, Konservatuvar yapıları açısından incelenmiştir. Bu bölümde ise, karşılaştırmalı analizler sonucu elde edilen veriler ışığında, konservatuvar binalarının performans ölçütleri oluşturulmuştur.

Akademik düzeyde yapılan birçok çalışma, eğitim yapılarında hem yapı dışı hem de yapı içi gürültülerin kabul edilebilir düzeylerin çok üstünde olduğunu ortaya çıkarmaktadır. İşitsel konforun yetersizliğinin iletişim sürecinde üç düzeyde sorunlar yarattığı bilinmektedir:

1. İçerik tam olarak anlaşılamaz, tamamen yanlış anlaşılır veya eksik anlaşılır,
2. Davranışsal beklentiler tam anlamıyla algılanamaz, tamamen yanlış algılanır veya eksik algılanır,
3. İlişkisel ve kişisel ifadeler yanlış yorumlanır [23].

Eğitim Yapılarında İşitsel Konfor Koşulları

Dersliklerin akustik kalitesinin değerlendirilmesinde arka plan gürültü düzeyi ve konuşmanın anlaşılabilirliği önemli ölçütlerdir. Bu açıdan belirleyici ilk değer istenen sesle (müzik ya da konuşma) istenmeyen ses (girişime yol açan ses/gürültü) arasındaki sinyal/gürültü oranı (SNR) olarak bilinen dB cinsinden farktır. Eğitim yapılarında işitsel konfor koşulları üzerine yapılan çalışmalarda önerilen değerler arasında farklar bulunmaktadır. Uluslar arası Standartlar Örgütü'nün ISO 9921 standardı yetişkinler için 7,5dB'lik bir sinyal/gürültü oranını uygun olarak vermektedir. Konuşma iletim indeksi (speech transmission index, STI) ise bu alanda yararlanılan başka önemli parametredir. Oransal büyüklük olan göstergede "1" mükemmel anlaşılabilirliği, "0" ise tam tersini ifade etmektedir [23].

Çizelge 3.21. Kalite değerlendirmesinin Konuşma İletim İndeksi (STI) ve Sinyal/Gürültü Oranı (SNR)'na uyarlanması [23,24]

Değerlendirme	**ISO 9921**	
	STI	SNR (dB)
Mükemmel	> 0,75	> 7,5
İyi	0.60 - 0,75	3 - 7,5
Orta	0,45 - 0,60	-1,5 – 3
Zayıf	0,32 - 0,45	-6 - 1,5
Kötü	< 0,32	< -6

Gürültü, eğitim yapılarında işitsel konforun tek ölçütü değildir. Hacmin akustik özellikleri, konuşmanın anlaşılabilirliğini ve hacimdeki gürültü düzeyini etkilemektedir. Hacimlerin akustik özelliklerinin incelenmesinde kullanılan en önemli büyüklük reverberasyon süresidir. Eğitim yapılarında uygun reverberasyon süresinin ne olması gerektiği konusunda sayısız çalışma bulunmaktadır. Yüksek konuşma anlaşılabilirliği için kısa reverberasyon süresi gerekliliği konusunda fikir birliği bulunmasına rağmen, değerler konusunda farklılıklar vardır. Son gelinen noktada normal boyutlardaki dersliklerde en uygun reverberasyon süresinin 0,5 sn olması gerektiği kabul görmüştür. Bir derslikte 0,5 sn reverberasyon süresinin sağlanması için hacmin iç yüzeylerinde ses yutucu gereçlerin kullanılması gerekmektedir. Kullanılacak ses yutucu gereçlerin türleri, kullanım yerleri ve boyutları elde edilecek sonuçları etkileyeceğinden bunların bir proje kapsamında uygulanması gerekmektedir [23].

Eğitim yapılarında işitsel konforun sağlanması için; yapı dışı ve yapı içi gürültülere karşı yalıtım ve mekân içinde uygun ses ortamı sağlayacak önlemler alınmalıdır. Bunları planlama aşamasındaki eğitim yapıları açısından değerlendirdiğimizde özellikle yapı dışı gürültüler açısından yer seçimi önem kazanmaktadır. Dış gürültü ortamı yüksek olan yerlerde yapılacak eğitim yapılarında, yapı kabuğunda alınması gereken önlemler artmaktadır. Planlama aşamasındaki eğitim yapılarında dikkat edilmesi gerekenler şunlardır:

- Doğru yer seçimi (çevresel dış ortam gürültüsü en çok 65dB)
- Yapı kabuğu ve iç bölme elemanlarında gerekli ses geçiş kaybı sağlayacak detay ve gereçlerin projelendirilmesi ve uygulanması,
- Döşeme ve döşeme kaplamalarında önlem alınması, iç mekânlarda yeterli ses yutuculuğun sağlanması [23].

Diğer taraftan mevcut eğitim yapılarında alınabilecek önlemler de mevcuttur. Kapılar ve pencereler yapıların gürültüye karşı en zayıf oldukları noktalardır. Yapı dışı gürültüler açısından pencerelerin cam kalınlığının arttırılmasından çift cam uygulamasına kadar değişen önlemlerle mekân içindeki ses düzeyi konfor koşullarına ulaştırılabilir. Aynı önlemler, yapı içi gürültüler açısından kapılarda da alındığında, dersliklerdeki ses ortamı hem yapı dışı hem de yapı içi gürültülere karşı korunmuş olmaktadır [23].

Mevcut eğitim yapılarında;

- Çok yüksek dış gürültünün varlığı durumunda gürültü perdeleri, trafik sınırlandırılması gibi önlemlere gidilmesi,
- Döşeme ve döşeme kaplamalarında önlem alınması,
- İç mekânlarda yeterli ve uygun ses yutuculuğun sağlanması,
- Kapı ve pencerelerin uygun biçimde yenilenmesi gibi önlemlerle işitsel konforda önemli iyileşmeler sağlanabilir [23].

Herhangi bir hacimde gürültü denetimi sürecinde; dış gürültü düzeyi, hacimde kabul edilebilir gürültü düzeyi ve hacmin ses yutuculuk özelliklerine bağlı olarak yapı elemanında sağlanması gereken ses geçiş kaybının saptanması ve uygun detayların oluşturulması gerekmektedir. Duvar, kapı, pencere gibi yapı elemanlarında sağlanması gereken ses geçiş kaybı, ilgilenilen iç mekânın ses yutuculuk özelliğine de bağlı olmakla birlikte esas olarak 'mekân dışı gürültü düzeyi' ile 'hacimde kabul edilebilir gürültü düzeyi' arasındaki farka bağlı olarak saptanabilmektedir. Örneğin, yapı dışı gürültü düzeyi 75dBA (L_{eq}), iç mekân kabul edilebilir gürültü düzeyi sınır değeri 35dBA (L_{eq}) olan bir mekânda, yapı kabuğunun sağlaması gereken ses geçiş kaybı 40dB olmaktadır. Söz konusu olan üzerinde pencere olan bir duvarsa bu değer, pencerede özel önlemler alınmasını gerektirmektedir. Bu düzeyde ses geçiş kaybı, aralarında yeterli hava boşluğu bulunan, hava sızdırmazlığı sağlanmış, çift doğrama üzerinde, farklı kalınlıklarda çift cam uygulaması ile sağlanabilir. Oysa aynı mekânda yapı dışı gürültü düzeyi ÇGDYY' inde belirtildiği gibi 60dBA (L_{eq}) olsa, duvarda sağlanması gereken ses geçiş kaybı 25dB olacak, bu da normal bir ısı yalıtımlı çift camla sağlanabilecektir [23].

Eğitim Yapıları İçin STC Değeri

Eğitim yapıları için önerilen STC değerleri Çizelge 3.22.'de kaynak oda verileri ve alıcı oda verilerinin kesişiminden bulunabilir. Örneğin, bir okulda, bir mutfak ve bir sınıf arasında STC 50 normal olarak istenen değerdir. Her iki yöntemi de dikkatli değerlendirmek gerekmektedir; çünkü bir alıcı oda, aynı zamanda bir kaynak oda da olabilir. 65'i geçmeyen STC ihtiyaçları genelde, yüzer döşemeler, özel tavan sistemleri ve bütün yan yüzeylerin dikkatli kontrolü ile karşılanabilmektedir [6].

Çizelge 3.22. Okullardaki mekânlarda STC değerleri [6]

		ALICI ODA					
		Telekonferans	**Derslik**	**Jimnastik**	**Mutfak**	**Laboratuar**	**Kütüphane**
KAYNAK ODA	**Telekonferans**	55	50	-	35	45	50
	Derslik	45	40	-	30	35	40
	Jimnastik	-	-	-	35	-	-
	Mutfak	55	50	45	-	45	50
	Laboratuar	45	40	-	30	35	40
	Kütüphane	40	35	-	-	30	-

Müzik Odaları İçin NIC Değeri

Gerekli yalıtımı sağlamak için, müziğin ses seviyesi, alıcı odadaki arka plan gürültü düzeyinden az olmalıdır. Önerilen arka plan gürültü düzeyi, bando prova odaları, koro prova odaları ve müzik derslikleri için 36dBA, elektronik müzik odaları ve fakülte ders stüdyoları için 40dBA ve müzik çalışma odaları (bireysel veya toplu koro) için 44dBA'dır. Hiçbir koşul altında, arka plan gürültü düzeyi 50dBA'yı geçmemelidir. Müzisyenlerin rahatça yerleştiği büyük prova odalarında arka plan gürültü düzeyi (<40dBA), müzisyenlerin birbirlerini duyabilmeleri için düşük olmalıdır [6].

Tablodaki NIC değerini STC'ye dönüştürmek için, tablodaki değerden 10 log a_2/S çıkarılmalıdır. a_2 alıcı odanın yutuculuğu (sabin) ve odaları ayıran ortak bölücü duvar konstrüksiyonunun yüzey alanı m^2'dir. Ağır yığma konstrüksiyonlar, hafif alçıpan konstrüksiyonlara göre düşük frekanslarda daha iyi yalıtım sağladığından daha çok tercih edilmektedirler [6].

Çizelge 3.23. Okullardaki bazı mekânlarda NIC değerleri [6]

	Bando odası	**Koro odası**	**Müzik dersliği**	**Müzik prova odası**	**Elektronik müzik odası**	**Fakülte stüdyosu**
Bando odası	65	65	65	57	62	61
Koro odası	65	59	59	56	62	62
Müzik dersliği	65	59	59	56	62	56
Müzik prova odası	57	56	56	48	54	52
Elektronik müzik odası	62	62	62	54	58	58
Fakülte stüdyosu	61	62	56	52	58	52

İç Mekân Planlaması

Genellikle odalar, hassas alanlar ve gürültü kaynakları arasında bariyer/tampon bölge olacak şekilde düzenlenmektedirler. Aşağıdaki okul planı örneğinde; depo ve soyunma odaları, çalışma bakımından hassas olan sınıfları, yandaki mekanik ekipman odasından koruyabilir. Örneğin müzik binasında, ofisler ve bireysel çalışma odaları, koro odasını bando odasından korumak amaçlı kullanılabilir. Büyük müzik çalışma odalarındaki gürültü düzeyi 100dBA' yı geçebilir [6].

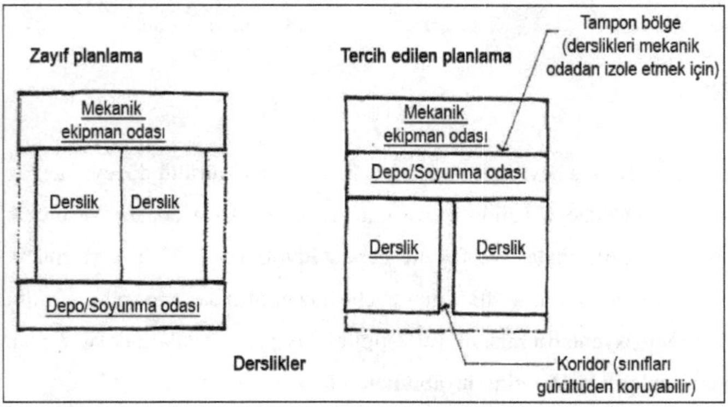

Şekil 3.12. Okullarda iç mekân tasarımına örnekler [6]

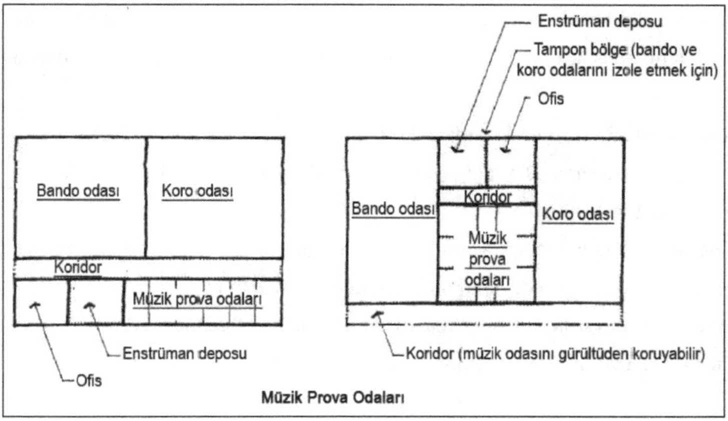

Şekil 3.13. Müzik odaları için örnek planlar [6]

Çello, piyano ve kontrbas gibi müzik enstrümanları darbe kaynaklı ses oluşturduğundan çalışma odalarının döşemelerinin yalıtılması gerekmektedir [6].

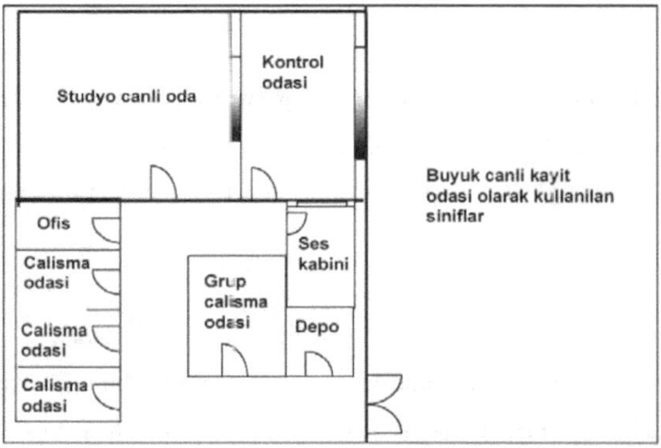

Şekil 3.14. Bir okulun çalışma ve kayıt alanlarının şematik gösterimi [25]

Ses şiddetini azaltmak için, müzik odalarında yaygın olarak ses emici malzemeler kullanılmaktadır. Prova ve topluluk odalarının geniş ve ferah olması yararlıdır. Örneğin büyük prova odaları, ideal olarak 2 katlı ve 1,5 kattan daha az yükseklikte olmamalıdır. Aynı zamanda prova odalarında; reverberasyon süresini kontrol etmek, ses yüksekliğini azaltmak ve özel durumlarda paralel duvarlar arasında ekoyu ortadan kaldırmak için ses emici malzemeler kullanılması gerekmektedir [26].

Bir akustik asma tavan ve belki de bir halı zemin çoğu okul tasarımcısı tarafından yeterli kabul edilmektedir. ASHA sınıfların akustik tasarımını geliştirmek için aşağıdaki kılavuzu oluşturmuştur [27].

1. Arka plan gürültü düzeyi, RC-30'un altında olmamalıdır.
2. Orta frekanslarda reverberasyon süresi 0,5 saniyeyi geçmemelidir (Bunu gerçekleştirmek için akustik duvar panelleri gerekmektedir).
3. Öğretmenin konuşmasını güçlendirmek için yansıtıcı yüzeyler sağlanmalıdır (Bu, odanın ön ve arkasında eğimli bir duvarla, ön ve yan duvarlar açılı yapılarak sağlanabilir).
4. Pencereye zıt yan duvar, yan duvarda da uygun akustik duvar paneli kullanılmalıdır.
5. Odanın ortasında ön duvara uzanan tavanın bir kısmı sert (yansıtıcı) yapılmalıdır [27].

10,7 m - 9,1 m gibi kapalı kare bir plan, akustik avantajlara sahiptir. Kısmi bir akustik tavan gerekmektedir. Halı kaplanmış döşeme, masa ve sandalye sürtünmesinden oluşacak gürültüyü azaltmaya yardımcı olur. Akustik duvar paneller, müzik eğitimi yapılan sınıflarda ve ses kayıt için kullanılacak mekânlarda özellikle önemlidir [27].

Küçük Çalışma Odaları

Küçük çalışma odalarında sürekli yansımaları önlemek için bir duvarı eğimli yaparak kırmak yani duvarların paralelliğini bozmak gerekmektedir. Aynı sebepten dolayı paralel duvarlardan biri ve tavan ses emici malzemeyle kaplanmalıdır. Küçük çalışma odaları için ek olarak yapılması gerekenler aşağıda belirtilmiştir [28].

- Yüksek ses yalıtımı – odalar arası duvarlar için STC 70 ve üstü – : Gelen müzik seslerinden müzisyenlerin ve giden müzik seslerinden diğer etkinliklerin yapıldığı yerlerde bulunanların rahatsızlığını önlemek için gerekmektedir. Genellikle iki beton duvarın arasında boşluk bırakılarak tamamen birbirinden ayrılmasıyla sağlanabilmektedir.
- Çalışma odası içindeki kapı minimum STC 45'i sağlamalıdır.
- Klima sistemi kanallarını çalışma odaları üzerinden geçirirken, HVAC gürültüsü için NC ya da RC 20 aşılmamalıdır. Bu odalarda, hava çok sessiz olmalıdır.
- Küçük çalışma odalarının reverberasyon süresi yaklaşık 0,4 saniye olmalıdır.
- Halı, çalışma odalarında herhangi bir darbe (ayak sesi) sesi gürültüsünü azaltmak için kullanılabilir.
- Çalışma odalarında aydınlatma da iyi olmalıdır. Eğer aydınlatma için floresan kullanılıyorsa,

balast gürültüsünü ortadan kaldırmak için balastlar uzak bir noktaya yerleştirilmelidir [23].

DIN 18041'e göre; reverberasyon süresi 150-250 m^3 bir sınıf için özellikle 250 Hz'den 2000 Hz'e kadar ki oktav bantlar için 0,5-0,7 sn olmalıdır [14].

Sınıflarda konuşmanın anlaşılabilirliği ve reverberasyon süresi T arasındaki ilişki:

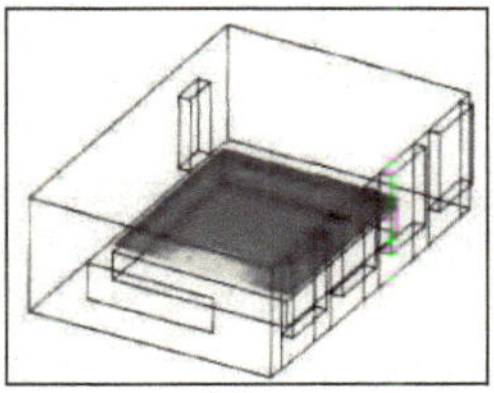
(a)

T = 0,5 sn

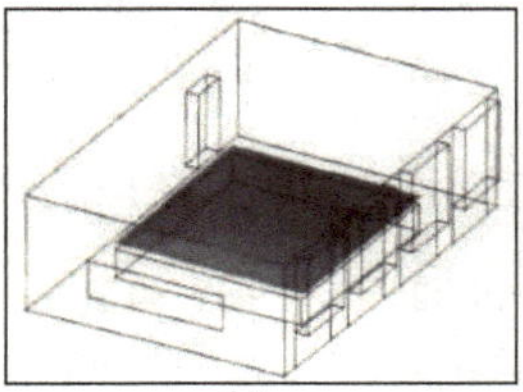
(b)

T = 1,0 sn

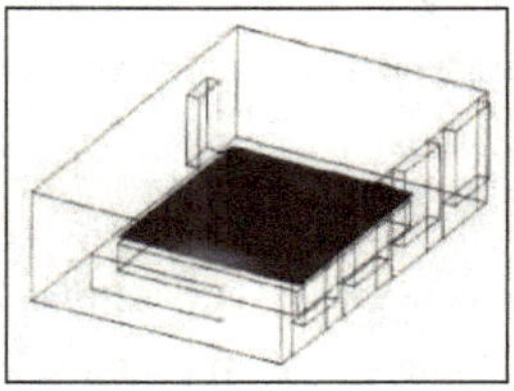
(c)

T = 1,5 sn

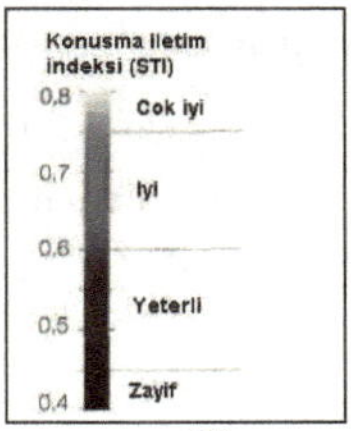

(d)

Şekil 3.15. (a) (b) (c) (d) Sınıflarda konuşmanın anlaşılabilirliği ve reverberasyon süresi (T) arasındaki ilişki [14]

Çizelge 3.24. DIN 4109'a göre "Okullar ve eğitim kurumlarında karşılaştırma" da ses yalıtım gereksinimleri [14,20]

Bileşen	Ses azaltma indeksi R_w (kapılar için: R_w)	Darbe kaynaklı ses basınç seviyesi $L_{n,w}$
Sınıflar arasındaki katlar	≥55 dB	≤ 53 dB
Koridor altındaki döşemeler		≤ 53 dB
Sınıflar ve jimnastik, müzik odaları, atölye gibi odalar arasındaki döşemeler	≥ 55dB	≤ 46 dB
Sınıflar arasındaki duvarlar	≥ 47 dB	
Sınıflar ve koridorlar arasındaki duvarlar	≥ 47 dB	
Sınıflar ve jimnastik, müzik odaları, atölye gibi odalar arasındaki duvarlar	≥ 55 dB	
Sınıflar ve koridorlar arasındaki kapılar	≥32 dB	

Herhangi bir müzik faaliyetinin olacağı mekânın tasarımında temel problemler; mekânlar arası gürültü geçişi, uygunsuz reverberasyon süreleri, tekrarlanan ekolar, sürekli ses dalgalanmaları ve yüksek gürültü seviyeleri olarak karşımıza çıkmaktadır [14].

Çizelge 3.25. Sınıflar için önerilen akustik kriterler [29]

	Önerilen minimum ses azaltımı		Arka plan gürültü düzeyi için önerilen aralık, dBA	Reverberasyon süresi, sn
	ASTC	FIIC		
300 m^3'e kadar olan sınıflar	50		35-40	0,6
300 m^3' ten fazlaolan sınıflar	50		30-35	0,7

Yapı elemanları ve oda orantıları bir sınıfın akustik özelliklerini etkilemektedir. İçte ve dışta oluşan gürültü, reverberasyon süresi, eko ve konuşmanın anlaşılabilirliliği gibi özellikler anlamayı ve öğrenmeyi azaltabilmektedir [30].

Bir eğitim ortamında, boş bir sınıfta gürültü seviyeleri 41dB'den 51dB'e kadar farklılık göstermektedir. Crandell ve Smaldino'ya göre; bir sınıfta gürültü düzeyi sınıf boşken gürültü düzeyinden 10dB daha fazladır (52-62dB SPL). Bu artış öğretmen ve öğrencinin hareketi, konuşmaya katılımı, sıra, kitap gibi malzemelerin hareketlerinden oluşmaktadır. Bir sınıfta gürültü düzeyi sinyal/gürültü düzeyini azaltmaktadır. Sonuçta konuşmanın anlaşılabilirliği azalmakta ve öğrencinin anlamak için büyük bir çaba harcaması gerekmektedir. Normal duyan çocuklar için, önerilen sinyal/gürültü oranı (+)15 – (+)20dB arasındadır. Fakat tipik bir sınıfta sinyal/gürültü oranı -7dB'den +5dB'e farklılık gösterebilir [31]. Sınıflarda, konuşmanın anlaşılabilirliğini iyileştirmek için düşük NC oranları gerekmektedir [32].

Sınıf içindeki akustik faktörler;

1. Odada arka plan gürültü düzeyi,
2. Sinyal/gürültü oranı,
3. Çevrenin yankı özellikleri olarak sıralanabilir.

Eğitim yapılarında akustik koşulları sağlamak için ASHA'nın önerileri aşağıdadır:

1. Boş sınıflarda gürültü düzeyi 35dBA'yı geçmemelidir.
2. Sinyal/gürültü oranı (SNR), çocukların kulaklarında en az +15dB olmalıdır.
3. Boş sınıflarda reverberasyon süresi, küçük sınıflarda 0,6 sn'yi, büyük sınıflarda 0,7 sn'yi aşmamalıdır [33].

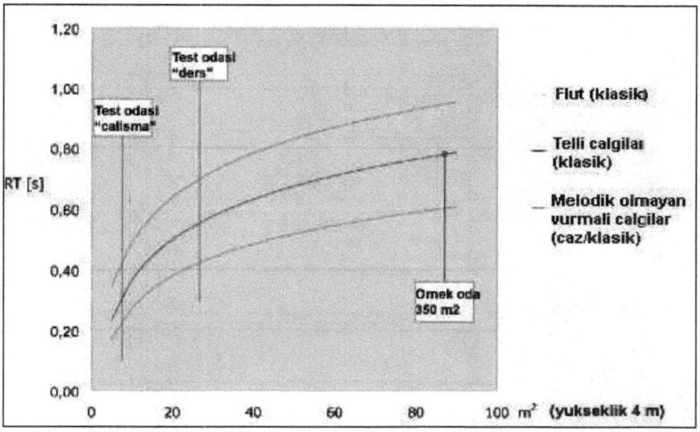

Şekil 3.16. Farklı enstrümanlar için hacmin bir fonksiyonu olarak önerilen T [34]

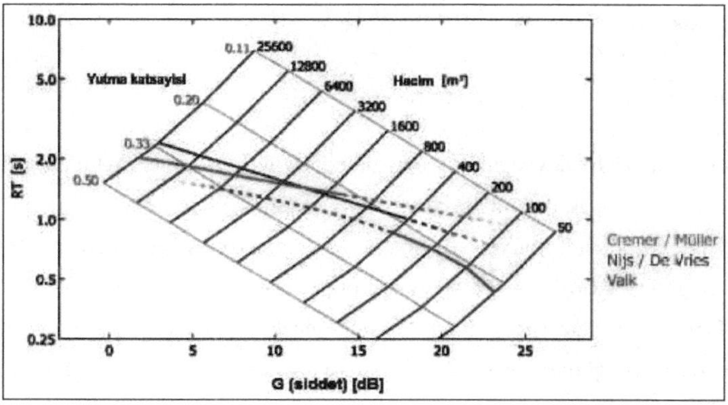

Şekil 3.17. Çalışma odaları ve gösteri salonları için istenen ortalama akustik [34]

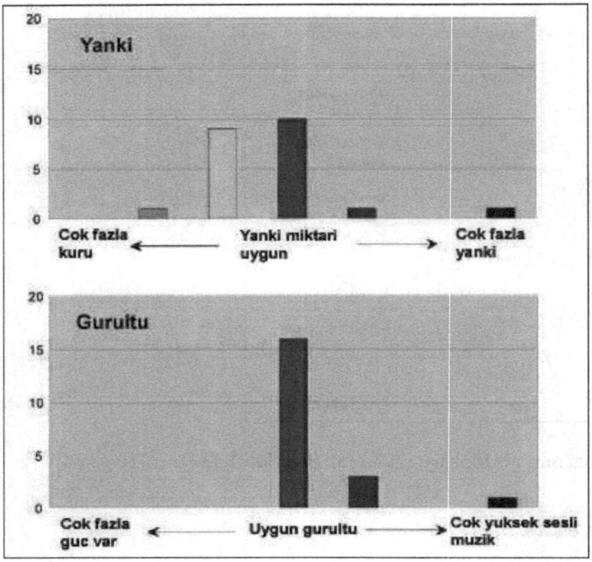

Şekil 3.18. Ders odalarının akustiğinin kısa değerlendirmesi [34]

Houtgast, çalışmalarında sınıflarda 15dB sinyal/gürültü oranının iyi bir iletişim için cazip bir durum olduğunu belirlemiştir. Bu durum akustik ölçümlerle onaylanmış ve Bradley tarafından 10 sınıfta konuşmanın anlaşılabilirliğiyle ilişkilendirilmiştir. 10 sınıfta reverberasyon süresi ortalama (1 kHz'de) 0,7 sn ve arka plan gürültü düzeyi (öğrenci aktivitesi olmayan dolu sınıflarda) 38-45dBA arasında değişmektedir. Iannace ve arkadaşlarının yayınladığı sonuçlarda okullar için; içerideki arka plan gürültü düzeyiyle dış ortam gürültü düzeyi 51-61dBA ve erken sönümleme süresi 1,2-1,5 sn'dir. İtalyan okullarının başka bir çalışmasında oldukça benzer sonuçlar ortaya çıkmıştır. Daha olumsuz koşullar Brezilya okullarında Losso tarafından yapılan çalışmalarda raporlanmıştır. Raporlarda arka plan gürültü düzeyi 51-70dBA ve reverberasyon süresi 1,1-1,7 sn arasında değişmektedir. Japonya'daki okullarda sonuçlar 0,2-1,0 sn arasında kısa reverberasyon süresi ve 22-59dBA arka plan gürültü düzeyini göstermektedir. Ueno Japonya'daki okullarda çeşitli etkinlikler için 30 sn L_{eq}, müzikal etkinlikler için 80dBA, normal eğitim için 45dBA değerlerini belirlemiştir. Amerika Birleşik Devletleri'ndeki son çalışmada arka plan gürültü düzeyi 38-55dBA (boş) arasındaki değerlerde ve reverberasyon süresi 0,3-1,1 sn (dolu) arasındaki değerlerde açıklanmıştır [35].

Çizelge 3.26. Performans Kriterleri

Konu		Değerlendirme Ölçütleri
Sınıfta konuşma seviyesi		• Reverberasyon süresinin kısa olduğu sınıflarda, sınıfın arka oturma gruplarındaki ses basınç seviyesinin 50 dB civarında olması önerilmektedir [21].
Arka plan gürültü düzeyi	Sınıflar	Sıhhi tesisat, diğer bina servisleri, endüstriyel ve ticari (gündüz ve gece çalışmaları): ≤ 35 dBA [20]
		55 dB $L_{A\ 1\text{-}30\ dk}$' yı aşmamalı [10]
		Müzik sınıfları: 35 dBA [10,36]
		Küçük çalışma / grup odası: 35 dBA [10]
		Topluluk odası: 30 dBA [10]
		Performans / resital odası: 30 dBA [10]
		Kayıt stüdyosu: 30 dBA [10]
		Kayıt için kontrol odası: 35 dBA [10]
		Kabul edilebilir oran: 40-50 dBA [37]
		Tüm kaynaklardan gelen gürültü düzeyi: 40 dBA' yı aşmamalıdır (Polonya) [38] Teknik ekipmanlardan gelen gürültü düzeyi: 35 dBA' yı aşmamalıdır (Polonya) [38] Öğretmenler odasında gürültü düzeyi sırasıyla: 35 – 30 dBA' yı aşmamalıdır (Polonya) [38]
		35 dBA (USA) [39]
		Açık pencereli sınıflarda: 50 dBA (Japonya) [39] Kapalı pencereli sınıflarda: 55 dBA (Japonya) [39]
	Spor alanları	55 dBA (USA) [39]
	Büyük odalar	Kapalı hacimli temel öğrenme alanı < 283 m³: 35 dBA [21]
		Kapalı hacimli temel öğrenme alanı > 283 m³ ve ≤ 566 m³: 35 dBA [21]
		Kapalı hacimli temel öğrenme alanı > 566 m³ ve tüm yardımcı öğrenme alanları: 40 dBA [21]
		45 dBA (USA) [39]
NC gürültü düzeyi kriteri		• Kabul edilebilir oran: NC 35'den NC 45'e kadar [37] • Müzik çalışma odaları: NC 30–35 [40]
Mekânın boyutları	Müzik odaları	Geniş performanslı öğrenim odası: 85 m² [10]
		İkinci öğrenim odası: 65 m² [10]
		Çalışma odası: 20 m² [10]
		Pratik yapılan grup odaları: 8 m² [10]
		Kayıt için kontrol odası: 10 m² [10]

Çizelge 3.26. (Devam) Performans Kriterleri

Mekânın boyutları	Mekanın geometrisi		Matematiksel olarak 1,25:1:1,6 oranı en ideal oran olarak kabul edilmektedir [10].
Mekânın boyutları	Mekanın toplam hava hacmi		Salon ve resital odaları için hacim söz konusu olduğunda tavan yükseklikleri genelde iki kata eşit (yaklaşık 6 m) olmalıdır. Grup odaları ve çalışma odaları için yükseklik 3 m olabilir [10].
			Yüksek sesli enstrümanlarla kişisel derslerin yapıldığı odalar: 40 m^3 [14]
			Orkestra prova odaları ve kişisel çalışma odaları: En az 20-30 m^3 [14]
			Koro prova odaları: 10-15 m^3 [14]
Yapı bileşenlerinde sağlanması gereken ses yalıtım değerleri	Binanın, dış duvar ve çatı gibi yapı bileşenlerinde sağlanması gereken ses yalıtımı (Sınıflar için)		• Vurmalı çalgılar ve bando aletleri için ayrılan odalar en yüksek gürültü seviyelerine sahiptirler ve bina içinde yerlerinin seçilmesi önemlidir. Titreşimlerin bina yapısını en az etkilemesi için vurmalı çalgı odaları mümkünse bodrum katta olmalıdır ya da yüzer döşeme yapılmalıdır [10].
			• Sınıflar ve koridorlar arasındaki ses yalıtımı: 45 dB [21] • Çevresel gürültü düzeyi 76-80dBA arasında olan yerlerde: 50dB [20] • Çevresel gürültü düzeyi 71-75dBA arasında olan yerlerde: 45dB [20] • Çevresel gürültü düzeyi 66-70dBA arasında olan yerlerde: 40dB [20] • Çevresel gürültü düzeyi 61-65dBA arasında olan yerlerde: 35dB [20]. • Çevresel gürültü düzeyi 56-60dBA arasında olan yerlerde: 30dB [20]. • Çevresel gürültü düzeyi 55dBA' ya kadar olan yerlerde: 30dB [20].
	Mekânlar arasında havada yayılan ses yalıtımı	Döşemeler R_w	Sınıflar arasındaki katlar: 55 [10]
			Sınıflarda tavanlar Rw: 55 [20]
			50 dB (Polonya) [38]
		Duvarlar R_w	Sınıflar arasındaki duvarlar: 47 [10,20]
			Sınıflar ve koridorlar arasındaki duvarlar: 47 [10]
			Sınıflar ve merdivenler arasındaki duvarlar: 52 [10]
			Sınıflar ve jimnastik, müzik odaları, atölye gibi odalar arasındaki duvarlar: 55 [20]
			40-50 dB (Polonya) [38]
		Kapılar R_w	Sınıflar ve koridorlar arasındaki kapılar: 32 [10]
	Döşemelerde darbe kaynaklı ses yalıtımı		Sınıflar arasındaki döşemeler: 53 (Ln,w) [20]
			Koridor altındaki döşemeler: 53 [20]
			Sınıflar ve jimnastik, müzik odaları, atölye gibi odalar arasındaki döşemeler: 46 (Ln,w) [20]
			53-63 dB (Polonya) [38]
	Ses yalıtım sınıfı NIC		• Müzik dersliği: 59 dBA [6] • Müzik prova odası: 48 dBA [6] • Koro odası: 59 dBA [6] • Bando odası: 65 dBA [6]

Çizelge 3.26. (Devam) Performans Kriterleri

Reverberasyon süresi		$120 < V \leq 300\ m^3$ sınıflar için $0,4 < T \leq 0,6$ (Brezilya) [41] $150 \leq V < 300\ m^3$, $0,5 \leq T \leq 0,7$ (500-1000-2000 Hz) (Brezilya) [42]
		$V \leq 250\ m^3$ sınıflar için $0.4 < T < 0,8$ (Fransa) [41,42] $V > 250\ m^3$ sınıflar için $0.6 < T < 1,2$ (Fransa) [41,42]
		250 m^3 sınıflar için T 0,8 ve 1,0 arasında (Almanya) [41] 500 m^3 sınıflar için T 0,9 ve 1,1 arasında (Almanya) [41] 750 m^3 sınıflar için T 1,1 ve 1,2 arasında (Almanya) [41] $0,8 < T < 1,0$ (500-1000-2000 Hz) (Almanya) [42]
		$V \approx 200\ m^3$ sınıflar için $T = 0,6$ [41] $V \approx 300\ m^3$ sınıflar için $T = 0,7$ (Japonya) [41]
		$RT = T_{mf}^{a} < 0,6$ (a, sınıflar, genel öğrenme alanları, küçük grup odaları) $RT = T_{mf}^{b} < 0,8$ (b, sınıflar, genel öğrenme alanları, seminer odaları, dil laboratuarları, eğitim odaları) (UK) [41]
		$V < 283\ m^3$ sınıflar için $T = 0,6$ [41,42] $283\ m^3 < V \leq 566\ m^3$ sınıflar için $T = 0,7$ (USA) [41,42]
		55 dBA' yı aşmamalıdır (Polonya) [38]
		0,6 sn (maksimum) (CHPS (Relocatable Classrooms Now Available)) [39]
		Küçük ve orta büyüklükteki sınıflarda 0,6 sn ya da daha altındaki reverberasyon süreleri ve daha büyük sınıflarda ise 0,7 ve altındaki reverberasyon sürelerinin sinyal-gürültü oranı +15 desibel oranında olduğu zaman konuşma anlaşılabilirliğini düşürmediği varsayılmıştır [21]
	Öğrenme ve çalışma mekânlarında reverberasyon süresi	Müzik sınıfları $< 1,0$ [10]
		Küçük çalışma / grup odası $< 0,8$ [10]
		Topluluk odası: 0,6 – 1,2 [10]
		Performans / resital odası: 1,0 – 1,5 [10]
		Kayıt stüdyosu: 0,6 – 1,2 [10]
		Kayıt için kontrol odası $< 0,5$ [10]
		Kapalı hacimli temel öğrenme alanı $< 283\ m^3$ 500, 1000, 2000 Hz' de: 0,6 sn [21]
		Kapalı hacimli temel öğrenme alanı $> 283\ m^3$ ve $\leq 566\ m^3$ 500, 1000, 2000 Hz' de: 0,7 sn [21]
		Kapalı hacimli temel öğrenme alanı $> 566\ m^3$ ve tüm yardımcı öğrenme alanları 500, 1000, 2000 Hz' de --- [21]

Çizelge 3.26. (Devam) Performans Kriterleri

Konuşmanın anlaşılabilirliği		Konuşma iletim indeksi (STI) > 0,60 [10]
		• STI > 0,6 olduğunda konuşmanın anlaşılabilirliği iyi [38] • STI > 0,75 olduğunda konuşmanın anlaşılabilirliği çok iyi [38]
Ses iletim sınıfları	STC	Koridorlar, merdivenler, ofisler ya da konferans odalarında duvarlar: 45 [21]
		Diğer sınıflar, sağlık odaları, dış mekânlarda duvarlar: 50 [21]
		Ortak kullanım ve kamu kullanımı tuvalet ve banyolarda duvarlar: 53 [21]
		Müzik odaları, cafe, jimnastik, mekanik odalar, kapalı yüzme havuzlarında duvarlar: 60 [21]
		Sınıf içindeki kapı ≥ 40 [21]
	IIC	Temel öğrenme alanlarının üstünde bulunan normalde dolu olan sınıfların döşeme-tavan birleşmeleri en azından 45 ve tercihen 50 darbe sesi yalıtım sınıfı (IIC) oranına sahip olması gerekir. Eğer aşağıdaki oda yardımcı öğrenme alanı ise döşeme-tavan birleşmesi en az 45 IIC oranına sahip olmalıdır. Bu IIC oranları yukarıda yer alan odada halı döşemesi olmaksızın bu şekilde olmalıdır. Yeni yapılarda, spor salonu, dans stüdyosu ya da diğer yüksek darbeli aktiviteler sınıfların ya da diğer temel öğrenme alanlarının üstüne yerleştirilmemelidir. Mevcut yapıların yenilenmesinde; eğer bu tür istenmeyen bir durumdan kaçınmak mümkün değilse, döşeme-tavan birleşmesi ayrımının IIC oranı kapalı hacmi 566 m3'ten fazla olmayan temel öğrenme alanının üstüne yerleştirildiğinde en az 70, kapalı hacmi 566 m3'ten fazla olan bir temel öğrenme alanının üstüne yerleştirildiğinde 65 ve yardımcı öğrenme alanının üstüne yerleştirildiğinde ise 65 olmalıdır [21].
Sinyal / gürültü oranı (SNR)		• ISO 9921 standardında yetişkinler için 7,5 dB [24]
NCB gürültü düzeyi kriteri		• Okullarda sınıflar 70 m^2' den az ise = 35-40 [3] • Okullarda sınıflar 70 m^2' den büyük ise = 30-35 [3] • Okullarda açık planlı sınıflarda = 35-40 [3]

4. ÖRNEK ÇALIŞMA: ANKARA MUSİKİ MUALLİM MEKTEBİ MAMAK BELEDİYESİ KONSERVATUVAR BİNASI

Bu çalışmada başkentin önemli tarihi yapılarından biri olan Ankara Musiki Muallim Mektebi Mamak Belediyesi Konservatuvar binasının çalışma odaları, Insul simülasyon programı ve akustik ölçümlerle desteklenerek incelenmiştir.

Musiki Muallim Mektebi, 1928 yılında Avusturya kökenli İsviçreli mimar Ernest Arnold EGLI tarafından planlaması tasarlanmıştır. 1938 yılında eklenen yeni mekânlarla genişleyerek Devlet Konservatuvarı halini almıştır.

4.1. Bina ve Çalışma Odalarıyla İlgili Genel Bilgiler

Musiki Muallim Mektebi Mamak Belediyesi Konservatuvar binası Cebeci'de Talatpaşa Bulvarı üzerinde bulunmaktadır. Ankara Hastanesi' ne çok yakın olmakla birlikte işlek bir kavşakta köşe parselde yer almaktadır (Bkz. Resim 4.1). Binanın doğusunda tren yolu hattı bulunmaktadır.

Resim 4.1. Ankara Musiki Muallim Mektebi Mamak Belediyesi Konservatuvar Binası ve çevresi [Google Earth]

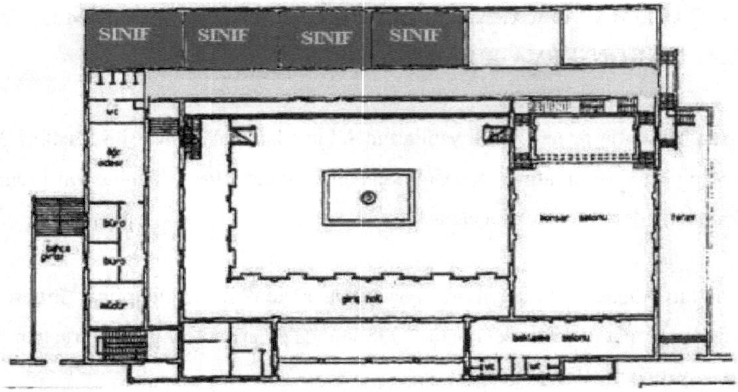

Şekil 4.1. Musiki Muallim Mektebi (Devlet Konservatuvarı), Ankara, 1927-29 Zemin Kat Planı [43]

Alt katta sınıfların, üst katta yatakhanelerin bulunduğu avlulu ana kütle okulun ilk yapısıdır (Şekil 4.1). Girişte sağda 1953'de yapılan eklenti, arkada doğu-batı yönünde yerleştirilen yatakhane ek binası, 1956'da projelendirilen soldaki kütle ve Sedat Hakkı Eldem'in 1937'de tasarladığı, sekizgen plana bir uzantının eklenmesinden oluşan bir başka ek bina yer almaktadır. İlk yapı bodrum üzerine eğim yönünden önden iki, arkadan üç katlıdır. Zemin katında iki yönde koridor üzerine dizilmiş müzik eğitimi için düzenlenen sınıflar, bir tarafta konser-tiyatro salonu, bir tarafta da önde merdiven ve revakıyla ana giriş yer almaktadır. Giriş holüne geçiş geniş camlı kapılarla sağlanmaktadır. Burada bir sıra kare kesitli taşla kaplı sütun ve kirişlerle strüktür okunmaktadır. İkinci katta revir, yatakhanenin bir bölümü ve okuma odası, bodrumda yemekhane ve mutfak yer almaktadır. Avlu üç yönde revaklarla çevrilmiştir (Şekil 4.1). Plan şekli, su öğesi olan avlunun çevresine yerleştirilen mekânlarla Osmanlı eğitim kurumu olan medrese şeklini anımsatmaktadır [43].

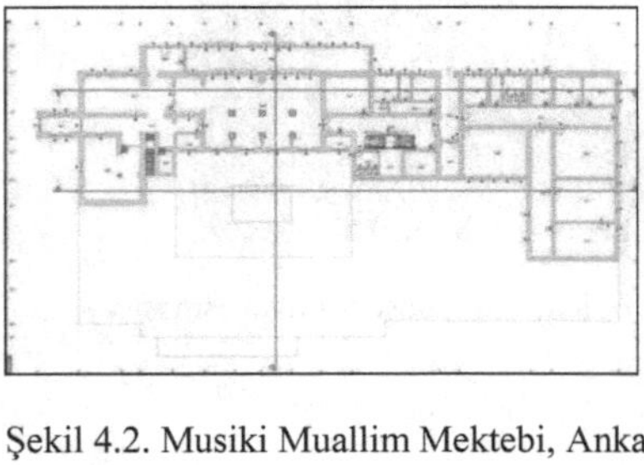

Şekil 4.2. Musiki Muallim Mektebi, Ankara, 1927-29 Bodrum Kat Planı

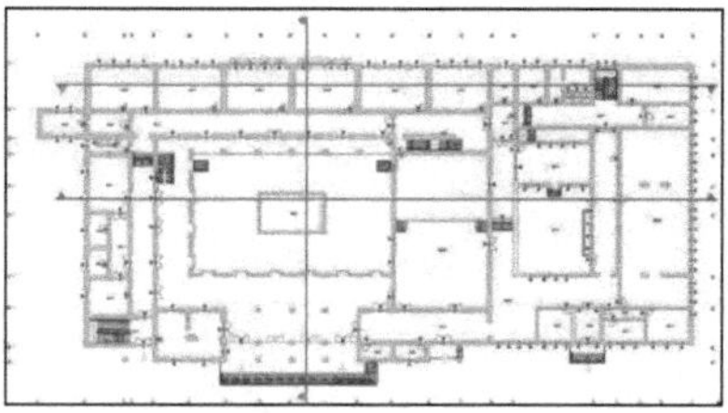

Şekil 4.3. Musiki Muallim Mektebi, Ankara, 1927-29 Zemin Kat Planı

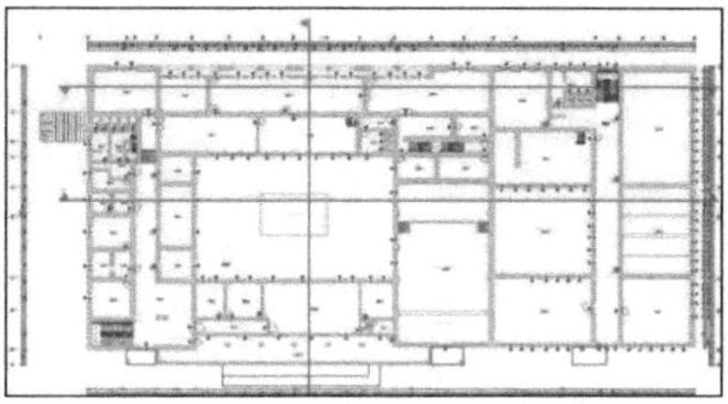

Şekil 4.4. Musiki Muallim Mektebi, Ankara, 1927-29 Birinci Kat Planı

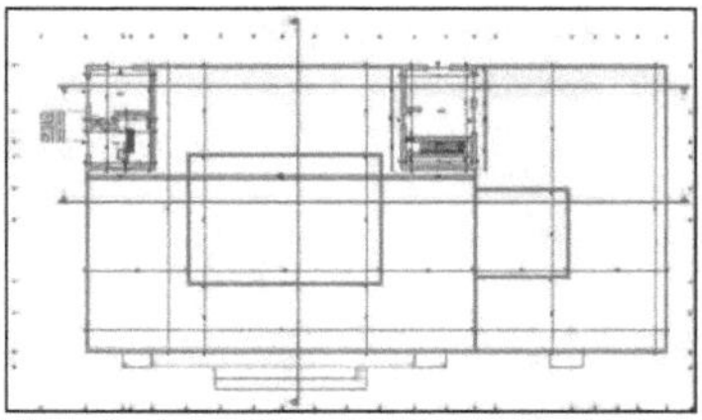

Şekil 4.5. Musiki Muallim Mektebi, Ankara, 1927-29 Çatı Kat Planı

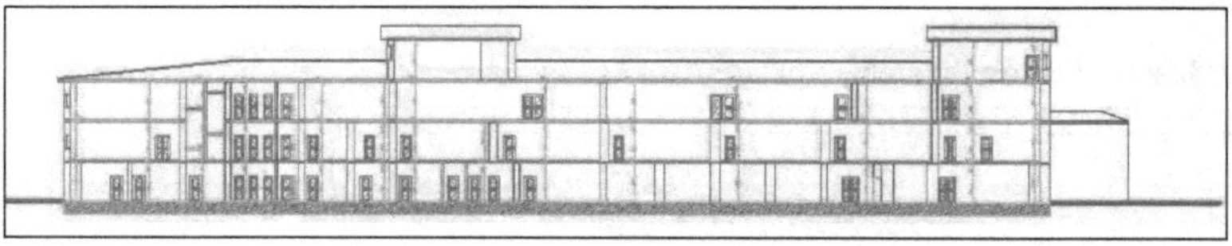

Şekil 4.6. Musiki Muallim Mektebi, Ankara, A-A Kesiti

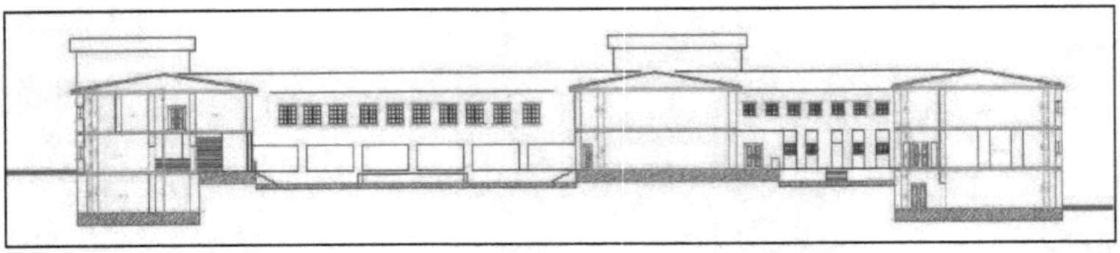

Şekil 4.7. Musiki Muallim Mektebi, Ankara, B-B Kesiti

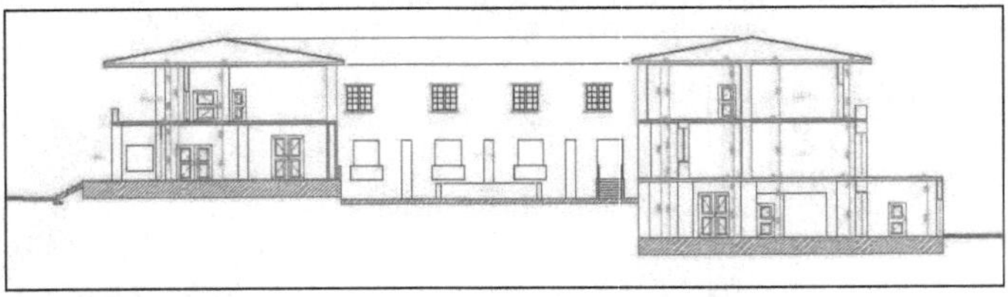

Şekil 4.8. Musiki Muallim Mektebi, Ankara, C-C Kesiti

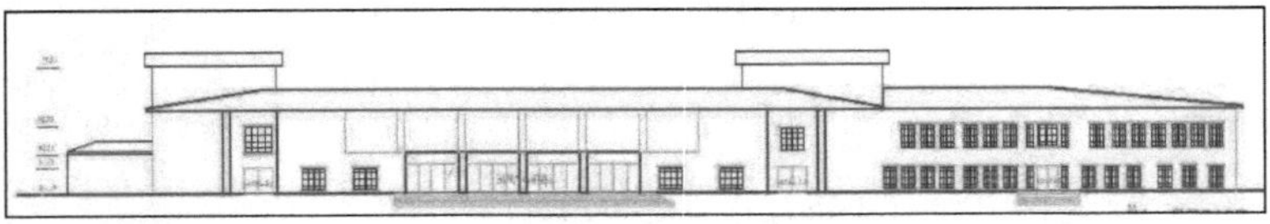

Şekil 4.9. Musiki Muallim Mektebi, Ankara, Ön Görünüş

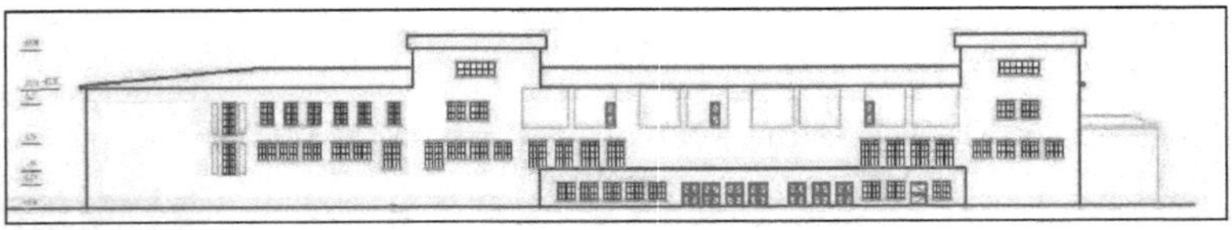

Şekil 4.10. Musiki Muallim Mektebi, Ankara, Arka Görünüş

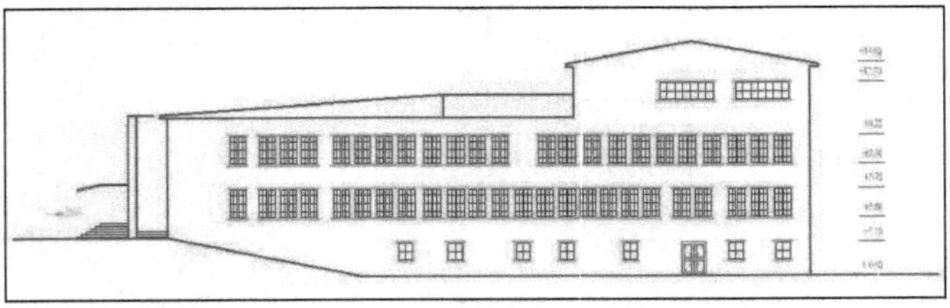

Şekil 4.11. Musiki Muallim Mektebi, Ankara, Sağ Yan Görünüş

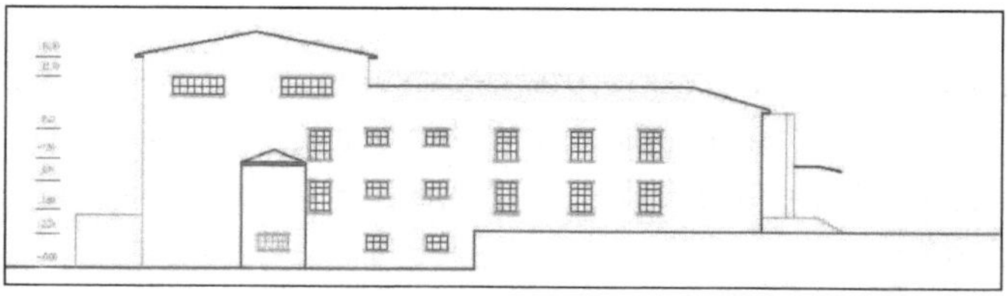

Şekil 4.12. Musiki Muallim Mektebi, Ankara, Sol Yan Görünüş

Yatay yerleşen ana kütlede simetrik ön cephe, dönemin biçimci yaklaşımına bir örnek oluşturmaktadır. Giriş katının yanlarda ikişer pencereli çıkmalarının ve bunları birleştiren revakın üstü özgün durumda ahşap pergolalı ve çift sıra sütunlu bir teras olarak tasarlanmıştır. İlerleyen yıllarda buraya üstü kiremitli çatıyla kapatılan bir kat ilave edilmiş, öndeki sütun dizisinin kullanılmasıyla da bu kata bir balkon sağlanmıştır. Böylelikle yapı önden düz çatılı kübik görünümünü yitirmiştir. Köşelerdeki pencereler, üstü örtülü ikişer sütunlu düzenlemeler içine alınmışlardır. Bunlar işlevi olmayan biçimsel cephe öğeleridir ve simetriyi güçlendirmektedir. Ortada üç, köşelerde dörder katlı kulelerden oluşan arka kütlenin cephesi de simetrik ve üst örtüsü kiremitli, geniş saçaklı çatıdır [43].

Yapının iskeleti (taşıyıcı sistemi) betonarme yapılmıştır. İçte giriş holünde bulunan sütunlar, ön cephenin dışarı taşan bölümü ve sütunları Ankara taşıyla kaplıdır. Bu taş Ankara'nın en yüksek tepesi olan Mamak sınırları içerisindeki Hüseyin Gazi tepesinden çıkmaktadır. Diğer cepheler sıvalıdır. Ankara'nın modern görünüşlü ilk yapılarından biri olan bina, o yılların mali olanaksızlığına rağmen, özel olarak tasarlanan çift cidarlı duvarları ve maroken kaplı kapılarıyla ses geçirmez odaları, akustik ve görüş açısının iyi çözümlendiği konforlu ahşap koltuklu konser salonu ile bir müzik okulunun gereksinimlerini en iyi derecede yerine getirmiştir [43].

1985 yılından itibaren yapı Mamak Belediyesi Hizmet Binası olarak hizmet vermeye başlamış, binada bu dönemde de belediyecilik hizmetlerinin yanı sıra sosyal ve kültürel etkinlikler de gerçekleştirilmiştir. Mamak Belediyesi'nin yeni hizmet binasının tamamlanması ile birlikte tarihi mekân boşaltılmıştır. Cumhuriyet'e tanıklık eden güzide binanın tekrar sosyal ve kültürel faaliyetlere kazandırılması için girişimlere başlanmıştır. Mamak Belediyesi Kültür Bakanlığı ile bir protokol imzalanarak, bina eski kimliğine kavuşturularak, Mamak Kültür Merkezi olarak hizmete başlamıştır. Mamak Kültür Merkezi 12.400 m^2 kapalı alana sahiptir. 600 m^2 289 kişilik Tiyatro ve Konser Salonları, 300 m^2 100 kişilik Tiyatro Salonu, 500 m^2 Sergi Salonu, 4000 m^2 Eğitim Salonu, 600 m^2 Halk Kütüphanesi, 150 m^2 Çocuk Meclisi Salonu, 1000 m^2 Restorant, 750 m^2 Cafe, 750 m^2 İdari Bölümler, 100 m^2 Anadolu Odası ve Konuk Odası, 3650 m^2 Diğer Hizmet Alanları ve Müştemilatı yer almaktadır [43].

Resim 4.2. Ankara Musiki Muallim Mektebi Mamak Belediyesi Konservatuvar Binası'nın görünüşü

(a) (b)

Resim 4.3. (a) (b) Ankara Musiki Muallim Mektebi Mamak Belediyesi Konservatuvar binasının görünüşleri

Mamak Kültür Merkezi (MKM) adı altında Belediye Konservatuvarı olarak da hizmet vermeye başlanan binada, THM, TSM, tiyatro, bale, folklor ve geleneksel el sanatları dallarında eğitim verilmektedir. Tiyatro, sergi ve konser salonları, bilgisayar donanımlı büyük bir kütüphanenin de yer aldığı Mamak Kültür Merkezi sanatsever başkentlilerin uğrak noktalarından biri olmuştur.

(a) (b)

Resim 4.4. (a) (b) Ankara Musiki Muallim Mektebi Mamak Belediyesi Konservatuvar binası sınıf görünüşleri

(a) (b)

Resim 4.5. (a) (b) Ankara Musiki Muallim Mektebi Mamak Belediyesi Konservatuvar binası sınıflarındaki kapı pencere görünüşleri

4.2. Çalışma Odalarını Çevreleyen Yapı Elemanlarının Ses Yalıtım Performansının Simülasyon Yöntemi ile Analizi ve Değerlendirilmesi

Insul 6.4 simülasyon programının güvenilirliği konusunda yapılan çalışma aşağıda çizelgeler halinde verilmiştir.

Çizelge 4.1. Insul 6.4 simülasyon programının güvenilirliği

Kaynaklar	Yapı Bileşenlerinin Malzeme Bilgisi	Yapı Bileşeninin Detayı [Insul 6.4 simülasyon programı]	Laboratuvar Koşullarındaki Ölçüm Sonuçları (dB)	Insul 6.4 Simülasyon Programı (dB)	Ölçüm ve Simülasyon Yöntemleri Arasındaki Fark (dB)
W.Cavanaugh, J.Wilkes [26]	12,5 mm alçı+150 mm betonarme duvar+12,5 mm alçı		53	56	3
	12,5mm alçı pano+ 100mm boşluk + 400mm dikme aralığı +12,5mm alçı pano	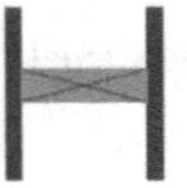	32	35	3
	15,9mm alçı pano+65mm boşluk+ 600mm metal taşıyıcı aralığı+ 15,9mm alçı pano		36	36	-
M.David Egan [6]	12,5mm alçı+150mm betonarme duvar+ 12,5mm alçı		53	56	3
	2x16mm alçı pano+65mm boşluklu metal taşıyıcılı 65mm taşyünü+metal taşıyıcı aralığı 600mm+16mm alçı pano	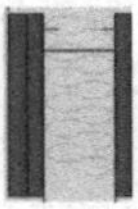	51	51	-
	6mm cam+50mm boşluk+4mm cam	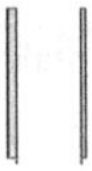	39	40	1
M.Mehta, J.Rocaford, J.Johnson [28]	300mm tuğla duvar		61	60	1
BB93 [10]	12,5mm alçı pano+ 115mm tuğla duvar+ 12,5mm alçı pano		45-50	46	1
	2x12,5m alçı pano+150mm boşluklu metal taşıyıcılı 75mm camyünü+ 2x12,5mm alçı pano	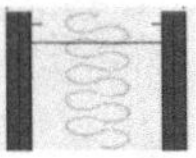	50-55	55	-

Çizelge 4.1'de görüldüğü üzere literatür bilgileri ile Insul 6.4 simülasyon programının arasında en fazla 3 dB ile %5'lik bir fark olduğu saptanmıştır. Söz konusu sonuçların güven aralığında yer almasından dolayı Insul 6.4 simülasyon programı bu çalışmada güvenle kullanılmıştır.

4.3. Çalışma odalarının akustik ölçümleri

Bu bölümde Musiki Muallim Mektebi Konservatuvar binasındaki çalışma odaları için kabul edilen performans kriterleri çizelge halinde verilmiştir. Çalışma odalarını çevreleyen yapı elemanlarının ses yalıtım performansı Insul 6.4 simülasyon programıyla ve ölçümlerle analiz edilerek, çizelgeler halinde gösterilmiştir.

Insul 6.4 simülasyon programı ile yapılan analiz:

Aşağıdaki çizelgede Ankara Musiki Muallim Mektebi çalışma odalarının mevcut durumu için kabul edilen performans kriterleri verilmiş, sonrasında mevcut durum değerlendirmesi yapılmıştır.

Çizelge 4.2. Ankara Musiki Muallim Mektebi Mamak Belediyesi binası çalışma odalarının mevcut durumu için kabul edilen performans kriterleri

PARAMETRE		**KABUL EDİLEN PERFORMANS KRİTERİ**
Sınıfta konuşma seviyesi		Reverberasyon süresinin kısa olduğu sınıflarda, sınıfın arka oturma gruplarındaki ses basınç seviyesinin 50 dB civarında olması önerilmektedir [21].
Arka plan gürültü düzeyi	Sınıflar	Müzik sınıfları: 35 dBA (~NC 25) [10,36]
	Büyük hacimler	• Temel öğrenme mekânı > 283 m^3 ve ≤ 566 m^3: 35 dBA [21] • Temel öğrenme mekânı > 566 m^3 ve tüm yardımcı öğrenme mekânı: 40 dBA [21]
Mekânın boyutları	Müzik odaları	• Öğrenim odası: 85 m^2 [10] • Çalışma odası: 20 m^2 [10] • Pratik yapılan grup odaları: 8 m^2 [10]
	Mekânın geometrisi	Mekânın en/yükseklik/boy oranı 1.25:1:1.6 oranı en ideal oran olarak kabul edilmektedir [10].
	Mekânın toplam hava hacmi	• Yüksek sesli enstrümanlarla kişisel derslerin yapıldığı odalar: 40 m^3 [14] • Orkestra prova odaları ve kişisel çalışma odaları: En az 20-30 m^3 [14] • Koro prova odaları: 10-15 m^3 [14]
Yapı bileşenlerinde sağlanması gereken ses yalıtım değerleri	Binanın, dış duvar ve çatı gibi yapı bileşenlerinde sağlanması gereken ses yalıtımı (Sınıflar için)	• Çevresel gürültü düzeyi 56-60 dBA arasında olan yerlerde: Rw,res : 30 dB [20]. • Çevresel gürültü düzeyi 55 dBA' ya kadar olan yerlerde: Rw,res : 30 dB [20].
	Mekânlar arasında havada yayılan ses yalıtımı	• Sınıflar ve koridorlar arasındaki kapılar: Rw: 32 dB [10] • Sınıflar ve merdivenler arasındaki duvarlar: Rw: 52 dB [10] • Sınıflar ve jimnastik, müzik odaları, atölye gibi odalar arasındaki duvarlar: Rw: 55 dB [20] • Sınıflarda tavanlar ve döşemeler: Rw:55 dB [20]
	Döşemelerde katılarda yayılan ses yalıtımı	• Sınıflar arasındaki döşemeler: 53 dB (Ln,w) [20] • Sınıflar ve jimnastik, müzik odaları, atölye gibi odalar arasındaki döşemeler: 46 dB (Ln,w) [20]
Reverberasyon süresi (T)		• V < 283 m^3 sınıflar için T= 0,6 sn • 283 m^3 < V ≤ 566 m^3 sınıflar için T = 0,7 sn (USA) [41,42]
	Öğrenme ve çalışma mekânlarında reverberasyon süresi	Müzik sınıfları T < 1,0 sn [10]
Konuşmanın anlaşılabilirliği		Konuşma iletim indeksi (STI) > 0,60 [10]

Gürültü kontrolü ölçümleri:

Çalışmanın amacına göre, gürültü kontrolüne ilişkin değişkenlerden sırasıyla çevresel gürültü düzeyi, arka plan gürültü düzeyi ve yapı elemanlarının ses geçiş kaybı değerleri ölçülmüştür.

Çevresel Gürültü Düzeyi Öçümleri:

Çalışma odalarının akustik ortamını değerlendirmek için öncelikli olarak çevresel gürültü düzeyi ölçümü yapılmıştır. Bunun için 3 adet ölçme noktası belirlenmiştir (Şekil 4.13). Ölçümler 1 Ekim 2011 tarihinde, TS ISO 1996-2: Mart 2009 standardına uygun olarak Reten Electronic RS104 SLM ses seviyesi ölçer ile gerçekleştirilmiştir. Ölçümlere başlanmadan önce ses düzeyi ölçer kalibre edilmiştir. Zeminden 1,50 m yükseklikte gerçekleştirilen ölçümlerde rüzgârlık kullanılmıştır. Ölçüm sırasındaki hava koşulları aşağıda belirtildiği gibidir.

Hava sıcaklığı	: 19,3 ° C
Nem	: % 33,5
Basınç	: 915 hPa
Rüzgâr hızı ve yönü	: 0,8 m/sn - Kuzey
Yağış	: Yok

Yapılan ölçümler belirlenen Alıcı 1, Alıcı 2 ve Alıcı 3 noktaları için 2 dakikalık sürelerle beş kez yapılmıştır (Şekil 4.13).

Çizelge 4.3. Çevresel gürültü düzeyi ölçüm sonuçları

Frekans (Hz)	Ortalama gürültü düzeyleri - dB		
	A1 noktası	A2 noktası	A3 noktası
63	60,3	61,0	59,8
125	60,0	62,2	61,0
250	56,0	56,8	58,0
500	51,1	52,8	52,0
1000	50,1	50,6	51,5
2000	45,5	46,0	50,0
4000	36,3	37,2	35,8
8000	<30	<30	<30

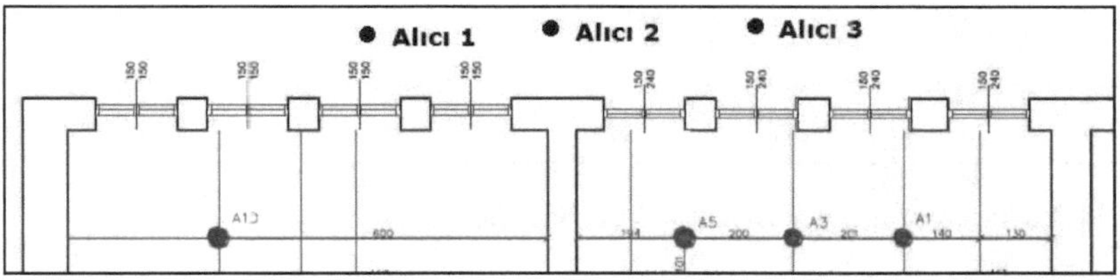

Şekil 4.13. Alıcı 1, Alıcı 2 ve Alıcı 3 noktaları

(a) (b)

Resim 4.6. (a) (b) Yapılan ölçümlerden fotoğraflar

Arka plan gürültü düzeyi ölçümleri:

Sınıflar için arka plan gürültü düzeyi ölçümleri, sınıfın boyutuna ve mekânsal düzenlemesine bağlı olarak belirlenen 6 adet (A1,A2,A3,A4,A5,A6) ölçüm noktasında gerçekleştirilmiştir (Şekil 4.14). İlk alıcı döşemeden 1,30 m yükseklikte, dış cephe duvarından 2,00 m ve yazı tahtasının bulunduğu duvardan 4,70 m (en az 3,50 m uzaklıkta olmalı) uzaklıkta konumlandırılmıştır. Diğer alıcılar, yine 1,30 m yüksekliğe ayarlanarak arkadan öne ve sağdan sola 2'er m ara ile yerleştirilmiştir.

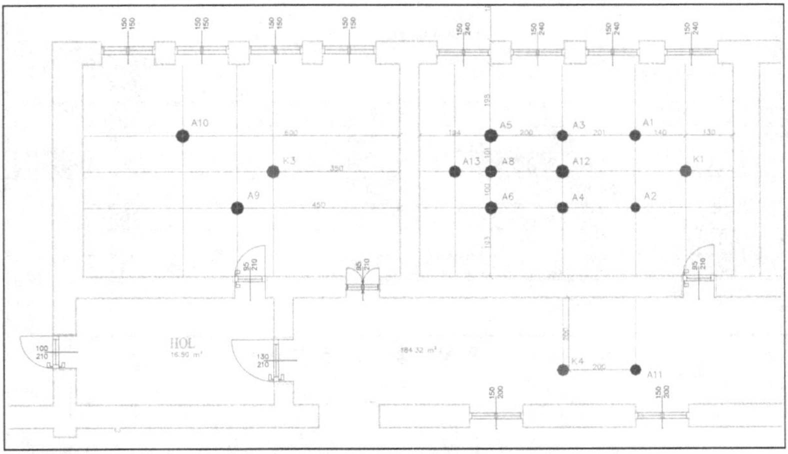

Şekil 4.14. Yapılan ölçümler için kaynak ve alıcı noktaları

Ölçümlere başlamadan önce mikrofonlar kalibre edilmiştir. Daha sonra ölçümler, belirlenen her bir alıcı noktası için 1/3 oktav bant frekanslarına bağlı olarak 16 saniyelik sürelerle üçer kez tekrar edilmiştir (Bkz. EK-1).

(a) (b)

Resim 4.7. (a) (b) Yapılan ölçümlerden fotoğraflar

(a) (b)

Resim 4.8. (a) (b) Yapılan ölçümlerden fotoğraflar

(a) (b)

Resim 4.9. (a) (b) Yapılan ölçümlerden fotoğraflar

Çizelge 4.4. Arka plan gürültü düzeyi ölçüm sonuçları

Frekans (Hz)	Ortalama gürültü düzeyleri - dBA (L_{eq})						
	A1 noktası	A2 noktası	A3 noktası	A4 noktası	A5 noktası	A6 noktası	Ortalama
100	42,1	40,4	42,5	41,1	43,7	41,6	41,9
125	40,1	40,3	42,5	43,7	39,1	42,6	41,3
160	36,4	37,4	38,8	41,1	36,4	39,5	38,2
200	31,4	33,3	33,5	34,7	31,9	34,8	33,2
250	28,7	28,7	29,7	31,7	28,3	31,3	29,7
315	27,2	27,8	28,4	29,3	27,0	27,9	27,9
400	26,5	24,3	25,7	26,1	24,3	25,1	25,3
500	26,6	23,9	24,1	24,2	23,0	23,5	24,2
630	25,3	24,5	23,4	23,2	22,2	24,3	26,6
800	24,6	27,5	22,8	23,0	24,2	22,9	24,1
1000	24,0	26,6	21,9	22,2	20,3	20,8	22,6
1250	20,4	24,8	20,7	20,6	19,2	20,9	21,1
1600	20,2	21,6	20,6	20,3	19,4	19,9	20,3
2000	20,8	23,5	21,6	20,8	20,8	20,5	21,3
2500	21,8	23,7	22,3	22,0	21,7	21,7	22,2
3150	24,1	24,4	22,5	23,1	23,8	22,5	23,4
4000	26,7	25,8	21,7	22,7	25,3	22,0	24,0
5000	19,8	21,6	20,2	19,4	19,2	19,1	19,8
6300	18,6	20,6	18,8	18,1	17,9	18,0	18,6
8000	17,0	20,1	17,1	16,2	16,4	16,2	17,1
Toplam	25,7	26,6	25,5	25,9	24,6	25,4	25,7

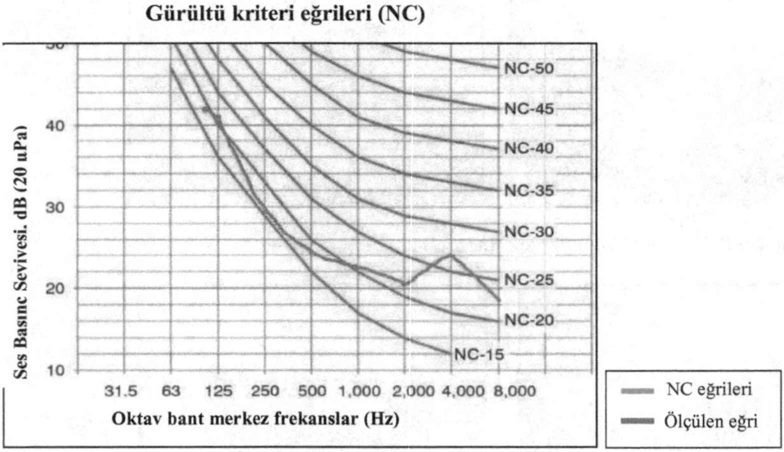

Şekil 4.15. Yapılan ölçümler sonucunda arka plan gürültü düzeyi grafiği

Ölçülen arka plan gürültü düzeyinin 125-2000 Hz aralığında; NC-25 eğrisinin, (yaklaşık 35dBA) altında olduğu belirlenmiştir. Yüksek frekanslarda ise artış görülmektedir. Bu değerler, müzik işlevine yönelik kullanılan sınıf mekânları için, standartlarda belirtilen değerleri karşılamaktadır. Arka plan gürültü düzeyinin yüksek frekanslarda artış göstermesi;

bina cephesindeki tek camlı doğramaların ve sınıf kapılarının ses yalıtım performanslarının düşük olmasından kaynaklandığı düşünülmektedir.

Yapı elemanlarının ses azaltma indeksi (ses geçiş kaybı) ölçümleri:

Sınıflarda yapı elemanları ve yapılar için TS EN ISO 16283-1:2014 standartına [68] uygun gerekli ölçümler, mekân/alan boyutlarına, mekânsal düzenlemeye ve mekânın bitişik mekânlarla olan ilişkisine bağlı olarak belirlenen kaynak ve alıcı noktalarında yapılmıştır. Ölçümler; iç duvarlar için sınıf ile bitişik mekânlar (sınıf-sınıf ve sınıf-koridor) arasında gerçekleştirilmiştir. Dış duvarda yapılması planlanan ölçümler, cephede yer alan sundurmadan dolayı yapılamamıştır.

Ölçümlere başlanmadan önce mikrofonlar kalibre edilmiştir. Daha sonra ölçümler, belirlenen her bir alıcı noktası için frekanslara bağlı olarak kaynaktan 16 sn'lik beyaz gürültü verilmesi ile üçer kez tekrar edilmiş, kaynak ve algılama mekânlarındaki ortalama ses basınç seviyesi (L_{eq}) ölçülmüştür. Bu ölçüm değerlerinin ortalamaları alınarak, yapı elemanlarının havada yayılan ses karşısındaki performansını ölçmek için kullanılan "Ses Azaltma İndeksi",

$R_w = L_1 - L_2 + 10\log S/A$, formülü ile hesaplanmıştır.

Burada;

R_w, Ses Azaltma İndeksi (dB),

L_1, kaynak odasındaki ortalama ses basınç seviyesini (dB),

L_2, algılama odasındaki ortalama ses basınç seviyesini (dB),

S, ara duvarın / döşemenin alanını (m^2),

A, algılama odasındaki eş değer absorpsiyon alanını (Sabin, m^2), göstermektedir.

Eş değer absorpsiyon alanı aşağıdaki formülle hesaplanmıştır.

$$A = \frac{0{,}16\,V}{T}$$

Burada;

A: Algılama odasındaki eşdeğer ses absorpsiyon alanı (ses yutucu yüzey alanı), m^2 cinsinden

V: Algılama odasının hacmi, m^3 cinsinden

T: Algılama odasındaki reverberasyon süresi, saniye cinsinden

Sınıflarda algılama odasında orta frekanslardaki reverberasyon süresi (500, 1000, 2000 Hz ortalaması) 0,75 sn olarak ölçülmüştür. Algılama odasının hacmi 3,5 x 8,7 x 5,9 = 179,6 m^3' tür.

İki sınıf arasında iç duvar için K3 ses kaynağı sabit, A6, A9, A10 ve A13 alıcı noktalarında olmak üzere 4 noktada ölçüm alınmıştır. K3 ses kaynağı orta aks üzerinde yazı tahtasının bulunduğu duvardan 3,50 m, A9 4,50 m, A10 6,00 m, yan duvardan ise 2,00 m uzaklıkta yerleştirilmiştir (Şekil 4.14).

Çizelge 4.5. İki sınıf arasındaki iç duvar için yapılan ses azaltma indeksi değerlendirme sonuçları

Frekans (Hz)	L_1 (dB)		L_2 (dB)		L_1–L_2 (dB)			Ort.L_1-L_2 (dB)	R_w (dB)
	A9	A10	A6	A13	A9-A6	A10-A6	A9-A13		
100	102,7	94,8	59,5	57,1	43,2	35,3	45,6	41,3	41,5
125	101,0	102,3	62,6	63,4	38,4	39,7	37,6	38,5	38,2
160	107,3	103,9	63,1	61,9	44,2	40,8	45,4	43,4	43,4
200	105,3	104,0	58,2	61,1	47,1	45,8	44,2	45,7	44,9
250	103,0	101,7	57,1	56,5	45,9	44,6	46,5	45,6	44,8
315	100,6	98,3	56,5	52,3	44,1	41,8	48,3	44,7	43,2
400	102,5	100,1	50,3	50,8	52,2	49,8	51,7	51,2	49,4
500	99,1	98,6	46,9	47,1	52,2	51,7	52,0	51,9	50,0
630	96,5	95,9	42,2	41,9	54,3	53,7	54,6	54,2	52,0
800	96,0	95,1	40,2	39,9	55,8	54,9	56,1	55,6	53,1
1000	94,6	93,8	39,0	37,8	55,6	54,8	56,8	55,7	52,8
1250	96,1	94,6	38,2	37,5	57,9	56,4	58,6	57,6	54,4
1600	97,3	96,3	41,1	41,5	56,2	55,2	55,8	55,7	52,8
2000	95,6	92,2	41,1	39,7	54,5	51,1	55,9	53,8	50,6
2500	95,4	93,9	42,6	41,8	52,8	51,3	53,6	52,5	49,2
3150	95,0	92,8	42,0	41,2	53.0	50,8	53,8	52,5	49,3
4000	91,9	92,3	37,7	36,9	54,2	54,6	55,0	54,6	51,2
5000	94,7	94,1	35,9	36,1	58,8	58,2	58,6	58,5	54,8
6300	91,5	92,4	*	*	-	-	-	-	-
8000	83,8	84,1	*	*	-	-	-	-	-

* Ölçülememiştir.

Sınıf ile koridor arasında iç duvar için K4 ses kaynağı sabit, A11, A1 ve A4 alıcı noktalarında olmak üzere 3 noktada ölçüm alınmıştır. K4 ses kaynağı, duvardan 2,00m ara ile konumlandırılmıştır (Şekil 4.14).

Bu ölçme noktalarında frekanslara bağlı olarak ölçülen ortalama ses basınç seviyeleri ve hesaplanan ses azaltma indeksleri Çizelge 4.6.'da verilmiştir.

Çizelge 4.6. Sınıf ile koridor arasındaki iç duvar için yapılan ses azaltma indeksi değerlendirme sonuçları

Frekans (Hz)	L_1 (dB)	L_2 (dB)		L_1–L_2 (dB)		Ort. L_1-L_2 (dB)	R_w (dB)
	A11	A1	A4	A11-A1	A11-A4		
100	99,9	73,7	74,8	26,2	25,1	25,6	23,2
125	108,0	82,9	82,9	25,1	25,1	25,1	22,7
160	109,5	79,9	82,0	29,6	27,5	28,5	26,1
200	107,2	83,3	82,5	23,9	24,7	24,3	21,9
250	109,4	78,4	78,8	31,0	30,5	30,8	28,4
315	102,9	76,8	77,3	26,1	25,5	25,8	23,4
400	105,4	75,9	74,6	29,5	30,8	30,1	27,7
500	102,6	70,6	73,4	32,0	29,2	30,6	28,2
630	100,5	68,3	69,1	32,2	31,4	31,8	29,4
800	99,3	66,5	66,2	32,8	33,1	32,9	30,5
1000	98,2	66,8	65,5	31,4	32,7	32,0	29,6
1250	99,9	66,8	66,7	33,1	33,2	33,1	30,7
1600	99,8	72,1	71,1	27,7	28,7	28,2	25,8
2000	98,4	71,0	70,1	27,4	28,3	27,8	25,3
2500	99,5	71,8	70,8	27,7	28,7	28,2	25,8
3150	98,3	69,6	69,3	28,7	29,0	28,8	26,4
4000	96,7	67,4	66,4	29,3	30,3	29,8	27,3
5000	97,6	65,4	64,7	32,2	32,9	32,5	30,1
6300	96,1	60,7	59,8	35,4	36,3	35,8	33,4
8000	87,0	50,8	50,3	36,2	36,7	36,4	33,9

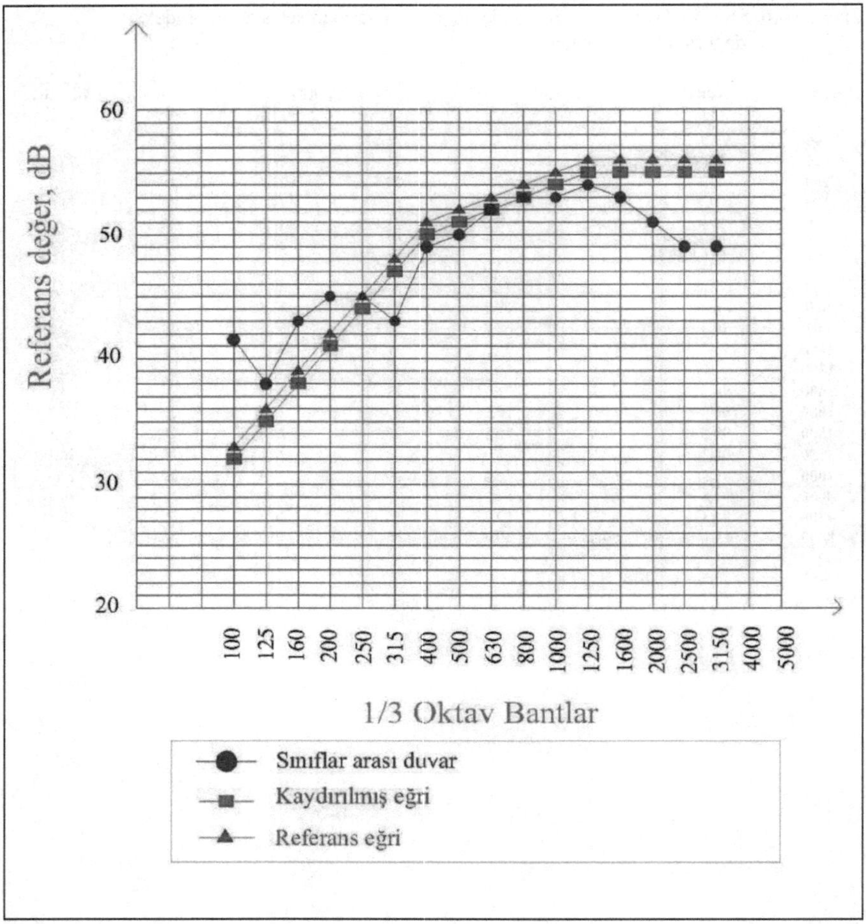

Şekil 4.16. Yapılan ölçümler sonucunda sınıflar arası duvarın ses azaltma indeksi grafiği

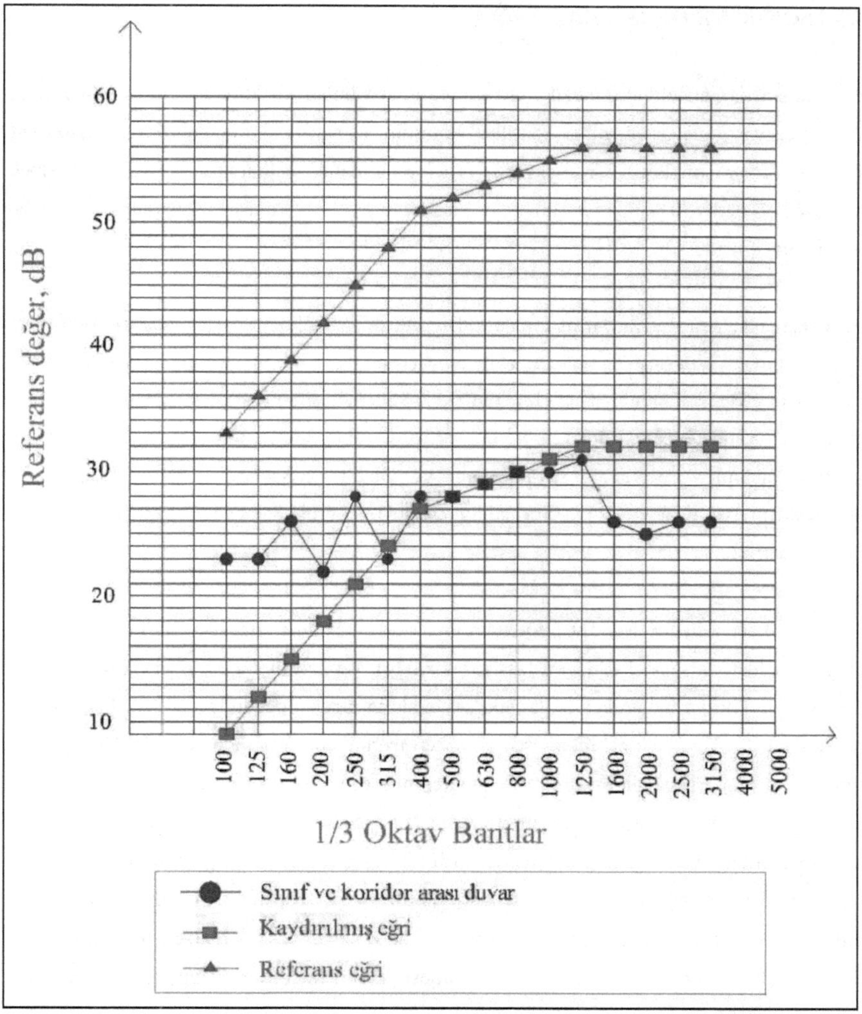

Şekil 4.17. Yapılan ölçümler sonucunda sınıf ve koridor arası duvarın ses azaltma indeksi grafiği

5. SONUÇ VE ÖNERİLER

Bu çalışmada öncelikle, müzik işlevli eğitim yapıları hakkında bilgiler sunulmuş, konservatuvar binaları özelinde gürültü kontrolü açısından kullanılabilecek performans kriterleri ortaya konularak (Çizelge 3.26), örnek bina olarak seçilen Musiki Muallim Mektebi Mamak Belediyesi Konservatuvar binası, akustik konfor koşulları açısından değerlendirilmiştir.

Bu çalışmada, Ankara'nın tarihi binalarından Musiki Muallim Mektebi Mamak Belediyesi Konservatuvar binasının müzik işlevli sınıflarının gürültü kontrolüne yönelik analizi yapılmıştır. Bu bağlamda öncelikli olarak Insul 6.4 simülasyon programıyla sınıfları çevreleyen yapı elemanlarının ses yalıtım performansları ortaya konmuş, ardından gürültü kontrol ölçümleri yapılarak, simülasyon ve ölçüm sonuçları literatür bilgileri ile karşılaştırılmıştır (Çizelge 5.1). Elde edilen bulgular doğrultusunda ise aşağıdaki sonuçlara ulaşılmıştır:

- Ankara Musiki Muallim Mektebi'nin sınıf mekânlarında; iki sınıf arasındaki iç duvarın ses azaltma indeksi değeri (ses geçiş kaybı); yapılan ölçümler aracılığı ile 51 (0;-2) dB, sınıf ve koridor arasındaki duvardaki ses azaltma indeksi değeri ise 28 (-1;-1) dB olarak hesaplanmıştır. Bu değerler; literatürde belirtilen uygun sınırlar içinde değildir (Çizelge 5.1). Sınıf ve koridor arasındaki duvarda yer alan kapının ses yalıtım performansının düşük olması, bileşik cidarın ses azaltma indeksinin düşmesine neden olmaktadır. Kapının ses yalıtım performansının iyileştirilmesiyle iç duvarın (bileşik cidarın) ses azaltma indeksi de yükselecektir. Bunun için; kapıların ses yalıtım performansları arttırılmalı, kasa-kanat birleşimlerinde conta, kanat-döşeme birleşimlerinde keçe vb. yalıtım malzemeleri kullanılarak kapı birleşim yerlerindeki açıklıkların giderilmesi gerekmektedir. Yapılmış olan tadilatlardan dolayı iki sınıf arasındaki iç duvarda açıklıklar meydana gelmiştir. Bu açıklıklar kapatılarak iç duvarın ses azaltma indeksi uygun sınırlara getirilebilecektir.

- Zemin kat taban ve tavan döşemesi havada yayılan sese karşı yalıtım performansını sağlarken, katılarda yayılan sese karşı yeterli performansı sağlayamamıştır. Zemin kat döşemesinin iyileştirilmesi için 2,6 mm vinil döşeme kaplaması üstüne 2,6 mm kurşun katkılı vinil kaplama ilave edilmesi halinde zemin kat döşemesinin ses azaltma indeksi aynı kalacak [Rw; 62 (-1;-5) dB] ve darbe kaynaklı ses basıncı seviyesi [Ln,w; 43 (-1) dB] ile uygun değerlere getirilebilecektir. Tavan döşemesinin iyileştirilmesi için 2,6 mm vinil döşeme kaplaması üstüne 2,6 mm kurşun katkılı vinil kaplama ilave edilmesi ve kauçuk yalıtımlı taşıyıcı eleman kullanılması halinde tavan döşemesinin ses azaltma indeksi [Rw; 71 (-2;-6) dB] ve darbe kaynaklı ses basıncı seviyesi [Ln,w; 39 (1) dB] ile uygun değerlere ulaşılabilecektir (Çizelge 5.1).

- Pencereli dış duvar bileşeninde (bileşik cidarda); birleşik (muntabık) pencere kasalarının halen bulunması nedeniyle binanın orjinalinde çift cam uygulamasının yapılmış olduğu, ancak restorasyon sırasında ya da daha sonrasında çift cam uygulamasının kaldırılmış olduğu düşünülmektedir. Her ne kadar dış duvar bileşeni için ses azaltma indeksi simülasyon sonuçları uygun sınırlar içinde kalmış olsa da, çift cam uygulamasına tekrar geçilmesinin yararlı olacağı düşünülmektedir.

Bu çalışma sonucunda; müzik işlevli eğitim yapılarının işitsel konfor koşullarının geleneksel dersliklerden farklı olması gerektiği ve müzik işlevli eğitim yapıları için ülkemizdeki mevzuatların yetersizliğini ortaya konmakta ve bu eksikliğin en kısa sürede kapatılması gerekmektedir.

Çizelge 5.1. Ankara Musiki Muallim Mektebi Mamak Belediyesi Konservatuvar Binası Çalışma Odalarına Yönelik Akustik Analiz

Yapı elemanı	**Yapı bileşeninin malzeme bilgileri**	**Yapı bileşeninin detayı**	**Optimum değerler Rw (C;Ctr) ve Ln,w (C₁) (dB)**	**Insul 6.4 simülasyon programı ses azaltma indeksi değeri Rw (C;Ctr) ve Ln,w (C₁) (dB)**	**Yapılan ölçümler aracılığı ile hesaplanan ses azaltma indeksi Rw (C;Ctr)* (dB)**	**Değerlendirme**	**Öneriler**
Sınıflar arasındaki duvar	25mm sıva+90mm tuğla duvar+ 50mm camyünü+ 90mm tuğla duvar+ 25mm sıva	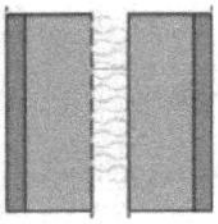	**Rw ≥ 55 [20]**	**Rw=56 (-1;-3)**	**Rw = 51 (0;-2)**	**Simülasyon sonuçlarına göre UYGUN** **Alan ölçümlerine göre UYGUN DEĞİL**	**Yapılan tadilatlardan dolayı duvarda bazı açıklıklar oluşmuştur. Bu açıklıkların kapatılması ile olumlu sonuçlar elde edilebilecektir.**
Sınıf ve koridor arasındaki duvar	25mm sıva+90mm tuğla duvar+ 50mm camyünü+ 90mm tuğla duvar+ 25mm sıva	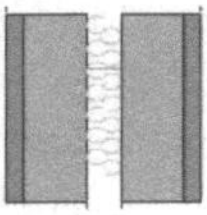	**Rw ≥ 55 [20]**	**Rw=30 (0;1)**	**Rw = 28 (-1;-1)**	**Simülasyon ve alan ölçümlerine göre UYGUN DEĞİL**	**Kapıların ses yalıtım değerleri yükseltilmeli ve kasa-kanat, kanat-döşeme boşluğu conta, keçe vb. ile kapatılmalıdır.**
Sınıfların tavan döşemesi	2,6mm vinil döşeme kaplaması + 150mm betonarme döşeme+ 1500mm boşluk + Z profil taşıyıcı + 16mm delikli taşyünü asma tavan	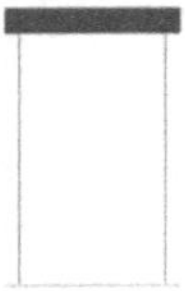	**Rw ≥ 55 [20]**	**Rw=62 (-1;-5)**	-	**Simülasyon sonuçlarına göre UYGUN**	-
			Ln,w ≤ 46 [20]	**Ln,w = 58 (-7)**		**Simülasyon sonuçlarına göre UYGUN DEĞİL**	**Mevcut duruma 2,6mm kurşun katkılı vinil ilavesi ile; Rw = 62 (-1; -5) Ln,w = 43 (-1) UYGUN olacaktır.**
Sınıfların zemin döşemesi	2,6mm vinil döşeme kaplaması + 150mm betonarme döşeme+ 250mm boşluk + Z profil taşıyıcı + 16mm delikli taşyünü asma tavan		**Rw ≥ 55 [20]**	**Rw=62 (-2;-5)**	-	**Simülasyon sonuçlarına göre UYGUN**	-
			Ln,w ≤ 46 [20]	**Ln,w = 59 (-5)**		**Simülasyon sonuçlarına göre UYGUN DEĞİL**	**Mevcut duruma 2,6mm kurşun katkılı vinil + kauçuk yalıtım ilavesi ile; Rw = 71 (-2; -6) Ln,w = 39 (1) UYGUN olacaktır.**
Dış duvar (duvar + pencere) (bileşik cidar)	60mm taş kaplama + 190mm tuğla duvar + 50mm camyünü + 190mm tuğla duvar + 25mm sıva +(4mm cam + 150mm boşluk + 4mm cam)		**Rw ≥ 55 [20]** **Çevresel gürültü düzeyi 55dBA'ya kadar olan yerlerde dış duvar Rw,res ≥ 30 dB [20]**	**Duvar için Rw = 64 (-1;-5)** **Pencere için Rw = 45 (-1;-6)** **Bileşik cidar Rw,res = 50 (-2;-6)**	-	**Simülasyon sonuçlarına göre UYGUN**	-

*** C, Ctr spektrum adaptasyon terimlerinin hesaplanması TS EN ISO 717-1 standardına [69] uygun olarak yapılmıştır.**

KAYNAKLAR

1. Yılmaz Demirkale, S., "Çevre ve yapı akustiği", ***Birsen Yayınevi,*** İstanbul, 202-465 (2007).

2. Kurra, S., "Çevre gürültüsü kirliliği ve kontrolü", ***Gürültü ile Savaşım Sempozyumu***, İstanbul, 31-40 (1997).

3. Kurra, S., "Çevre gürültüsü ve yönetimi, I-II-III", ***Bahçeşehir Üniversitesi Yayınları***, İstanbul, 55-460 (2009).

4. Şerefhanoğlu, M., Karabiber, Z., Akdağ, N., Aknesil, A.E., "İstanbul' da Konutların işyerine dönüşümü" olgusuna gürültü kirliliğinin etkileri", ***3.Ulusal Akustik Kongresi***, İstanbul, 29-40 (1997).

5. Özer, M., "Yapı akustiği ve ses yalıtımı", ***Arpaz Matbaacılık,*** İstanbul, 73-270 (1979).

6. Egan, D., "Architectural acoustics", ***Mc Graw Hill,*** New York, 81-273 (2007).

7. Tocci, G. C., "Room noise criteria - The state of the art in the year 2000", ***Cavanaugh Tocci Associates,*** Inc., USA, 106-119 (2000).

8. Lord, P., Templeton, D., "Detailing for acoustics", ***E & FN Spon***, London, 11-160 (1996).

9. Maekawa, Z. ve Lord. P., "Environmental and Architectural Acoustics 1st ed.", ***E&FN Spon,*** Londra, 63-270 (1994).

10. Building Bulletin 93, "Acoustic design of schools a design guide", ***Department for Education and Skills The Stationary Office,*** London, 8-75 (2003).

11. Erol, H.B., "İç Mekanda Malzeme Kullanımında Akustik Performans Kriterleri", ***Mimar Sinan Güzel Sanatlar Üniversitesi Fen Bilimleri Enstitüsü,*** İstanbul, 25-42 (2006).

12. Karabiber, Z., "Yapılarda sessizlik tasarımı", ***Gürültü ile Savaşım Sempozyumu***, İstanbul, 48-54 (1997).

13. Gürel, N., "İlköğretim okullarının akustik açıdan incelenmesi: İstanbul' da Bir İlköğretim Okulu Örneği", ***İstanbul Teknik Üniversitesi Fen Bilimleri Enstitüsü,*** İstanbul, 12-26 (2007).

14. Mommertz, E., "Acoustics and Sound Insulation", ***Detail Practice,*** Berlin, 30-88 (2009).

15. Şerefhanoğlu, M., "Yapılarda gürültü sorunu ve denetimi", ***Çevre, Yapı ve Endüstri' de Akustik Sorunlar ve Gürültü Kontrolü Eğitim Semineri,*** İstanbul, 121-144 (1994).

16. Sirel, Ş, "Yapı akustiği I", ***İnkilap ve Aka Yayınevi***, İstanbul, 96-113 (1974).

17. Şerefhanoğlu, M., "Yapılarda dış gürültü açısından tek ve çift cam yüzeyler (pencereler)", ***Yıldız Teknik Üniversitesi Mimarlık Fakültesi Baskı İşçiliği,*** İstanbul, 10-15 (1992).

18. Berg, F.S., "Acoustics & Sound systems in schools", ***Singular Publishing Group, Inc.,*** San Diego-California, 10-111 (1993).

19. Çevre ve Orman Bakanlığı, "Çevresel Gürültünün Değerlendirilmesi ve Yönetimi Yönetmeliği", ***Resmi Gazete,*** Türkiye, 27-30 (2010).

20. DIN 4109, "Sound insulation in buildings", Almanya, 7-25 (1989).

21. ANSI S12.60-2002, "Acoustical performance criteria, design requirements, and guidelines for schools", ***American National Standard,*** Melville-ABD, 5-25 (2002).

22. TS EN 15251, "Binaların enerji performansının tasarımı ve değerlendirilmesi için bina içi ortam parametreleri (Bina içi hava kalitesi, ısıl ortam, aydınlatma ve akustik) – (İndoor environmental input parameters for design and assessment of energy performance of buildings addressing indoor air quality, thermal environment, lighting and acoustics)", ***Türk Standartları Enstitüsü,*** Ankara, 1-54 (2008).

23. Yüksel Can, Z., "Eğitim yapılarında gürültü ve denetimi", ***İzolasyon Dünyası,*** 66: 30-32 (2007).

24. TS EN ISO 9921, "Ergonomi-Sesli İletişim Değerlendirilmesi" (Ergonomics-Assessment of speech communication (ISO 9921:2003)", ***Türk Standartları Enstitüsü,*** Ankara, 1-40 (2004).

25. James, A., Thompson, A., Rees, I., "School music rooms – Designing beyond BB93", ***Proceedings of the İnstitute of Acoustics,*** 1-8 (2005).

26. Cavanaugh, W.J., Wilkes, J.W., "Architectural acoustics principles and practice", ***John Wıley& Sons, Inc,*** New York, 100-181 (1999).

27. Irvine, L.K., Richards, R.L., "Acoustics and noise control handbook for architects and builders", ***Krieger Publishing Company,*** Malabar-Florida, 95-99 (1998).

28. Mehta, M., Johnson, J., Rocafort, J., "Architectural acoustics principles and design", ***Prentice-Hall,*** New Jersey, 87-289 (1999).

29. Warnock, A.C.C., "Specifying acoustical criteria for buildings", ***Construction Technology Update,*** Canada, 50: 1-6 (2001).

30. Hamid, M.S., "İnvestigating smart classroom acoustics utilizing computer modeling", The Degree of Master, ***A Thesis Presented to the Deanship of Graduate Studies King Fahd University of Petroleum & Minerals,*** Dhahran, Saudi Arabia, 2-3 (2002).

31. Christal Savage, B.A., "Classroom acoustics and intervention strategies to enhance the learning environment", Degree Doctor, ***College of Liberal Arts Louisiana Tech University,*** 2-4 (2007).

32. Smith, C.K., "Acoustic analysis of the H.V.A.C. systems in the university of Massachusetts Lowell Durgin Hall music performance spaces", The Degree of Master, ***University of Massachusetts Lowell,*** 10 (2010).

33. Acoustics in Educational Setting: Position Statement, ***American Speech- Language Hearing Association (ASHA),*** 1-10 (2005).

34. Heringa, P., Isbrücker, D., Valk, M., "Variability and adaptability of the acoustics in the new Conservatory of Amsterdam", ***NAG/DAGA congres,*** 1-4 (2009).

35. Sato, H., Bradley, J.S., "Evaluation of acoustical conditions for speech communication in working elementary school classrooms", ***Journal of the Acoustical Society of America,*** 123: 2064-2077 (2008).

36. Mumovic, D., Palmer, J., Davies, M., Orme, M., Ridley, I., ve ark., "Winter indoor air quality, thermal comfort and acoustic performance of newly built secondary schools in England", ***Science Direct Building and Environment,*** 44: 1466-1477 (2009).

37. Krüger, D.L, Zannin, P.H.T., "Acoustic, thermal and luminous comfort in classrooms", ***Science Direct Building and Environment,*** 39: 1055-1063 (2004).

38. Wroblewska, D., "Acoustical standards used in design of school spaces", ***Acoustic and Biomedical Engineering,*** 118: 186-189 (2010).

39. Chiang, C., Lai, C., "Acoustical environment evaluation of classrooms for elementary schools in Taiwan", ***Science Direct Building and Environment,*** 43: 1619-1632 (2008).

40. Long, M., "Architectural acoustics", ***Elsevier Academic Press,*** USA, 315-381 (2006).

41. Zannin, P.H.T., Zwirtes, D.P.Z., "Evaluation of the acoustic performance of classroms in public schools", ***Applied Acoustics***, 70: 626-635 (2009).

42. Zannin, P.H.T., Marcon, C.R., "Objective and subjective evaluation of the acoustic comfort in classrooms", ***Applied Ergonomics,*** 38: 675-680 (2007).

43. Aslanoğlu, İ., "Musiki Muallim Mektebi", ***Mimarlık,*** 85 (1): 31-33 (2004).

44. Cowan, J., "Architectural acoustics design guide", ***McGraw-Hill,*** New York, 51-87 (2000).

45. Root, E., Allen, L.T., etc. "Classroom acoustics guidelines", ***Maryland State Department of Education,*** 1-10 (2006).

46. Brüel&Kjaer, "Dictionary", ***K.Larsen & Son A/S,*** Denmark, (2010).

47. Meyer Sound Laboratories, Inc., USA, http://www.meyersound.com/support/papers/speech/section4.htm#sii, (2011).

48. Özgüven, H.N., "Gürültü Kontrolü Endüstriyel ve Çevresel Gürültü", ***Türk Akustik Derneği,*** Ankara, 115-209 (2008).

49. Ses Yalıtımı ve Denetimi - Ses A-1, İzocam Yalıtım Eğitim Merkezi Eğitim Programı notları, ***İYEM***, Gebze, 5-15 (2011).

50. Ses Yalıtımı ve Denetimi - Ses A-2, İzocam Yalıtım Eğitim Merkezi Eğitim Programı notları, ***İYEM***, Gebze, 2-25 (2011).

51. Gürültü Denetimi - Ses B, İzocam Yalıtım Eğitim Merkezi Eğitim Programı notları, ***İYEM***, Gebze, 10-20 (2011).

52. Mimari Akustik - Ses C, İzocam Yalıtım Eğitim Merkezi Eğitim Programı notları, ***İYEM***, Gebze, 1-12 (2011).

53. Uygulamalı Ses Yalıtımı - Ses D, İzocam Yalıtım Eğitim Merkezi Eğitim Programı notları, ***İYEM***, Gebze, 3-10 (2011).

54. Akustik ve Titreşim Ölçümleri - Ses F-1, İzocam Yalıtım Eğitim Merkezi Eğitim Programı notları, ***İYEM***, Gebze, 6-15 (2011).

55. Akustik ve Titreşim Ölçümleri - Ses F-2, İzocam Yalıtım Eğitim Merkezi Eğitim Programı notları, ***İYEM***, Gebze, 4-18 (2011).

56. Meriç, I., "A model fort he evaluation of speech intelligibility in elementary school classrooms", M.Sc. Thesis, ***İstanbul Technical University,*** 3-39 (2009).

57. Sirel, Ş., "Yapı Akustiğinde 30 Terim 30 Tanım", ***YFU Yön. Kur. Bşk. Yapı Fiziği Uzmanlık Enstitüsü,*** 9: 1-12 (1975).

58. Özçevik, A., "Mimari Tasarım Stüdyolarında İşitsel Konfor Gereksinimleri ve Bir Örnek", ***Anadolu Üniversitesi,*** Yüksek Lisans Tezi, (2005).

59. Sirel, Ş., "Yapı Fiziği Konuları II", ***YFU Yön. Kur. Bşk. Yapı Fiziği Uzmanlık Enstitüsü,*** 6: 1-10 (1974).

60. Beranek, L., Griesinger, D., "Listening to Concert Halls", 1-30 (2010).

61. Barron, M. "Auditorium Acoustics and Architectural Design", ***Spon Press,*** New York, 230-258 (2009).

62. Demirel, F., "Noise Caused By The Usage Water Piping In Apartment Building Structures", ***Building Environment (SCI-EXP),*** 41 (4): 512-519, (2006).

63. Cambridge, J.E., "An evaluation of various sound insulation programs and their use in the design of silent rooms", M.Sc. Thesis, ***Chalmers University of Technology,*** 30-40 (2006).

64. Guyer, J.P., P.E., R.A., "An introduction to noise control in buildings", ***Continuing Education and Development, Inc.,*** 3-17 (2009).

65. Demirel, F., Özçetin, Z., "Ankara Musiki Muallim Mektebi Mamak Municipality Conservatory Building And Noise Control Analysis", ***Journal Of The Faculty Of Engineering And Architecture Of Gazi University,*** V:29, 4(835-845) (2014).

66. Özçetin, Z., Demirel, F., "Gürültü Kontrolüne Yönelik Mevzuatların Konservatuvar Binaları Açısından İncelenmesi", ***Beykent Üniversitesi Fen Bilimleri Enstitüsü, Fen ve Mühendislik Bilimleri Dergisi,*** 1-2(145-154) (2012).

67. TS ISO 1996-2: 2009, "Akustik-Çevre Gürültüsünün Tarifi, Ölçülmesi ve Değerlendirilmesi-Bölüm 2: Çevre Gürültü Seviyelerinin Tayini", ***Türk Standartları Enstitüsü***, Ankara, (2009).

68. TS EN ISO 16283-1: 2014, "Akustik-Yapı Elemanlarında ve yapılarda ses yalıtımının alan ölçümü-Bölüm 1: Hava ile yayılan sesin yalıtımı (ISO 16283-1:2014)" ***Türk Standartları Enstitüsü***, Ankara, (2014).

69. TS EN ISO 717-1: 2013, "Akustik-Yapılarda ve yapı elemanlarında ses yalıtımının değerlendirilmesi-Bölüm 1: Hava ile yayılan sesin yalıtımı (ISO 717-1: 2013)", ***Türk Standartları Enstitüsü***, Ankara, (2013).

EK-1. Ölçüm verileri

Çizelge 1.1. Arka plan gürültü düzeyi 100-800 Hz arası ölçüm verileri

	100	125	160	200	250	315	400	500	630	800
A1	41,73	37,79	36,28	31,92	29,67	27,66	27,01	28,8	25,95	25,81
A1	41,2	39,42	34,71	30,39	27,13	26,65	27,41	26,16	24,15	21,79
A1	43,51	43,19	38,36	32,06	29,4	27,53	25,33	24,97	25,89	26,31
A2	41,87	42,34	40,5	34,18	29,11	27,92	23,83	23,16	25,8	29,91
A2	39,16	38,09	34,89	31,78	28,22	27,44	23,95	23,2	23,44	25,42
A2	40,31	40,57	36,91	34,06	29,01	28,26	25,31	25,41	24,27	27,2
A3	40,74	42,78	38,48	34,72	30,19	27,75	25,89	23,67	23,3	21,96
A3	44,25	44,21	40,56	33,43	29,49	27,83	24,88	23,89	22,99	22,37
A3	42,6	40,79	37,47	32,63	29,55	29,73	26,47	24,8	24,03	24,35
A4	39,29	42,45	37,7	32,06	28,83	27,96	25,44	23,83	22,13	21,92
A4	39,68	40,31	38,34	34,17	31,33	28,9	26,15	23,57	23,67	23,38
A4	44,48	48,39	47,28	38	35,12	31,1	26,78	25,38	23,87	23,99
A5	42,73	38,11	39,65	34,5	29,48	27,94	24,42	22,74	22,44	22,35
A5	44,83	42,88	36,98	31,72	28,46	27,34	25,03	24,41	23,07	25,24
A5	43,79	36,35	32,6	29,53	27,09	25,8	23,61	21,86	21,27	25,51
A6	42,06	40,29	38,85	36,21	33,25	29,26	25,98	24,15	22,94	22,66
A6	44,83	47,88	41,69	34,84	31,28	28,25	25,51	23,76	23,74	24,7
A6	37,98	39,85	38,08	33,35	29,44	26,31	23,99	22,81	26,43	21,43

Çizelge 1.2. Arka plan gürültü düzeyi 1000-8000 Hz arası ölçüm verileri

	1000	1250	1600	2000	2500	3150	4000	5000	6300	8000
A1	24,2	21,27	20,59	21,11	22,15	23,58	24,06	19,64	18,43	17,02
A1	20,88	19,51	19,65	20,48	21,65	24,45	28,03	19,9	18,76	17,25
A1	27,15	20,52	20,43	20,87	21,86	24,36	28,14	19,87	18,61	16,89
A2	26,42	23,61	23,5	27,09	25,73	26,74	28,23	23,84	23,42	25,27
A2	30,52	29,82	20,4	21,54	22,77	24,48	27,96	20,59	19,02	17,53
A2	22,87	21,25	21,14	22,05	22,61	22,14	21,21	20,44	19,37	17,74
A3	20,72	19,7	19,7	21,08	21,84	23,14	23,1	19,65	18,37	16,8
A3	21,87	20,7	20,62	21,34	22,45	22,2	20,75	20,11	18,76	17,11
A3	23,31	21,86	21,59	22,59	22,63	22,37	21,45	20,85	19,49	17,57
A4	21,09	19,76	19,58	20,64	21,95	25,42	27,2	19,28	18,03	16,2
A4	22,67	21,33	20,32	20,75	21,79	21,52	20,14	19,07	17,83	16,03
A4	22,9	20,86	21,08	21,2	22,41	22,61	20,85	20,14	18,6	16,62
A5	20,44	19,15	19,32	20,77	21,58	24,86	27,85	19,24	18,06	16,73
A5	20,88	20,02	19,85	21,49	21,97	25,42	28,27	19,49	18,06	16,32
A5	19,67	18,63	19,2	20,38	21,59	21,13	19,9	19,01	17,85	16,35
A6	22,21	23,51	20,3	20,73	21,68	24,13	25,87	19,32	17,96	16,09
A6	21,42	20,63	20,59	21	22,05	22,11	20,36	19,19	18,18	16,4
A6	19,06	18,82	19,09	20,05	21,38	21,53	20,05	19,08	18,04	16,38

EK-1. (Devam) Ölçüm verileri

Çizelge 1.3. Reverberasyon süresi ölçüm verileri

	A1	A2	A3	A4	A5	A6	Ort.
100	1,51	1,31	1,42	1,49	1,39	1,62	1,45
125	1,15	1,41	1,50	1,28	1,21	1,36	1,31
160	1,51	1,53	1,64	1,04	1,33	1,32	1,40
200	1,11	1,19	1,07	1,17	1,23	1,20	1,16
250	1,04	1,55	1,03	1,10	1,13	1,15	1,17
315	0,94	0,88	1,00	1,06	1,06	0,95	0,98
400	0,98	0,77	0,88	1,02	0,95	0,97	0,92
500	0,86	0,93	0,97	0,84	0,81	0,95	0,89
630	0,75	0,82	0,86	0,89	0,86	0,81	0,83
800	0,81	0,79	0,73	0,79	0,78	0,82	0,78
1000	0,68	0,74	0,72	0,74	0,74	0,69	0,71
1250	0,71	0,62	0,64	0,68	0,72	0,68	0,67
1600	0,70	0,73	0,79	0,72	0,66	0,72	0,72
2000	0,69	0,65	0,60	0,69	0,64	0,69	0,66
2500	0,67	0,64	0,66	0,67	0,64	0,67	0,65
3150	0,66	0,64	0,67	0,69	0,68	0,69	0,67
4000	0,64	0,63	0,58	0,65	0,63	0,65	0,63
5000	0,58	0,57	0,59	0,62	0,58	0,62	0,59
6300	0,51	0,50	0,57	0,55	0,51	0,55	0,53
8000	0,45	0,48	0,49	0,45	0,49	0,45	0,46

Çizelge 1.4. 100-800 Hz arası yapı elemalarında ses azaltma indeksi ölçüm verileri

	100	125	160	200	250	315	400	500	630	800
A1	73,5	83,1	80,4	82,8	78,0	77,2	76,3	70,2	68,2	66,7
A1	73,9	82,9	79,7	83,6	78,7	76,7	75,7	70,8	68,4	66,5
A1	73,9	82,9	79,7	83,6	78,7	76,7	75,7	70,8	68,4	66,5
A4	74,4	82,8	82,2	82,6	79,1	77,7	74,8	73,4	69,3	66,3
A4	75,1	83,2	82,1	82,6	78,9	77,0	74,6	73,4	69,0	66,1
A4	75,1	82,8	81,9	82,5	78,6	77,2	74,6	73,5	69,0	66,4
A6	59,4	63,3	63,0	58,6	57,3	56,6	50,4	47,2	42,2	39,9
A6	60,1	62,1	62,9	58,0	56,9	56,3	50,2	47,1	42,3	40,6
A6	59,2	62,6	63,5	58,1	57,1	56,6	50,3	46,4	42,1	40,2
A9	102,4	100,8	107,2	105,4	103,1	100,8	102,4	99,2	96,6	96,2
A9	102,6	101,3	107,8	105,4	103,2	100,6	102,7	99,1	96,5	95,8
A9	103,2	100,9	106,9	105,3	102,9	100,5	102,6	99,2	96,4	96,0
A10	95.1	102,1	104,2	104,2	101,8	98,4	100,1	98,9	95,4	94,3
A10	95,7	102,6	104,0	104,0	101,8	98,4	100,4	98,6	95,4	94,9
A10	95,5	101,9	104,0	104,1	101,7	98,4	100,1	99,2	95,5	94,3
A11	100,2	108,3	109,7	107,4	109,4	102,6	105,6	102,9	100,6	99,4
A11	100,2	107,9	109,1	107,2	109,6	103,2	105,6	102,5	100,4	99,2
A11	99,5	108,0	109,7	107,1	109,4	103,0	105,2	102,5	100,5	99,3
A13	56,7	63,1	61,8	60,8	56,3	52,2	50,6	47,3	42,2	39,8
A13	57,1	63,7	61,8	61,3	56,5	52,9	50,4	47,2	41,6	37,7
A13	57,7	63,4	62,2	61,2	56,7	51,8	5[illegible],4	47,0	42,1	37,7

EK-1. (Devam) Ölçüm verileri

Çizelge 1.5. 1000-8000 Hz arası yapı elemalarında ses azaltma indeksi ölçüm verileri

	1000	1250	1600	2000	2500	3150	4000	5000	6300	8000
A1	66.7	66,9	72,0	70,9	71,8	69,6	67,4	65,6	60,8	50,9
A1	66,8	66,9	72,2	71,0	71,8	69,6	67,4	65,5	60,8	50,8
A1	66.9	66,7	72,1	71,1	71,9	69,6	67,5	65,3	60,7	50,9
A4	65,7	66,7	71,1	70,2	70,8	69,3	66,4	64,8	59,8	50,4
A4	65,5	66,8	71,2	70,1	70,8	69,4	66,5	64,7	59,8	50,4
A4	65,3	66,7	71,0	70,2	70,9	69,3	66,4	64,7	59,8	50,2
A6	38,9	38,3	40,8	41,3	42,5	42,1	37,7	36,1	*	*
A6	39,2	38,7	41,2	41,2	42,8	41,8	37,4	36,1	*	*
A6	39,1	37,6	41,5	41,0	42,6	42,2	38,1	35,7	*	*
A9	94,6	96,4	97,2	95,5	95,2	95,0	92,1	94,5	91,7	83,8
A9	94,6	96,2	97,4	95,5	95,6	95,0	91,9	94,9	91,6	83,9
A9	94,8	96,2	97,4	95,8	95,5	95,2	91,9	94,7	91,4	83,8
A10	94,6	94,0	96,4	92,8	94,5	93,1	92,2	93,9	92,3	84,4
A10	94,7	94,1	96,1	92,8	94,7	93,1	92,2	93,9	92,1	84,5
A10	94,3	94,2	96,2	92,7	95,0	93,3	92,2	93,7	92,1	84,5
A11	98,1	100,1	99,9	98,5	99,5	98,4	96,8	97,6	96,2	87,0
A11	98,3	99,9	99,8	98,4	99,4	98,2	96,8	97,7	96,1	87,0
A11	98,2	99,9	99,8	98,5	99,6	98,3	96,6	97,5	96,1	87,0
A13	38,0	37,8	41,5	40,4	41,8	41,1	36,4	36,3	*	*
A13	37,7	37,4	41,4	39,4	41,9	41,2	37,0	36,4	*	*
A13	37,7	37,4	41,8	39,3	41,7	41,4	37,3	35,8	*	*

*** Ölçüm sonucu alınamamıştır.**

Çizelge 1.6. Sınıflar arası duvar C, C_{tr} verileri

F	R_w	-1dB kaydırılmış referans değerler dB	İstenmeyen sapma dB	Spektrum No:1 dB	L_n-R_w dB	$10^{\log (Ln-Rw)/10}$ dBx10^{-5}	Spektrum No:2 dB	L_n-R_w dB	$10^{\log (Ln-Rw)/10}$ dBx10^{-5}
100	41,5	32		-29	-70,5	0,0089	-20	-61,5	0,0708
125	38,2	35		-26	-64,2	0,038	-20	-58,2	0,151
160	43,4	38		-23	-66,4	0,0229	-18	-61,4	0,0724
200	44,9	41		-21	-65,9	0,0257	-16	-60,9	0,0813
250	44,8	44		-19	-63,8	0,0416	-15	-59,8	0,105
315	43,2	47	3,8	-17	-60,2	0,0955	-14	-57,2	0,191
400	49,4	50	0,6	-15	-64,4	0,0363	-13	-62,4	0,0575
500	50,0	51	1,0	-13	-63,0	0,0501	-12	-62,0	0,0631
630	52,0	52		-12	-64,0	0,0398	-11	-63,0	0,0501
800	53,1	52		-11	-64,1	0,0389	-9	-62,1	0,0617
1000	52,8	54	1,2	-10	-62,8	0,0525	-8	-60,8	0,0832
1250	54,4	55	0,6	-9	-63,4	0,0457	-9	-63,4	0,0457
1600	52,8	55	2,2	-9	-61,8	0,0661	-10	-62,8	0,0525
2000	50,6	55	4,4	-9	-59,6	0,11	-11	-61,6	0,0692
2500	49,2	55	5,8	-9	-58,2	0,151	-13	-62,2	0,0603
3150	49,3	55	5,7	-9	-58,3	0,148	-15	-64,3	0,0372
	Toplam = 25,3 < 32,0 R_w = 52 – 1 dB = 51 dB			Toplam = 0,89 -10 log 0,89 = 50,5 C = 51 – 51 = 0			Toplam = 1,2 -10 log 1,2 = 49,2 C_{tr} = 49 – 51 = - 2		

EK-1. (Devam) Ölçüm verileri

Çizelge 1.7. Sınıf ve koridor arası duvar C, C_{tr} verileri

F	R_w	-24dB kaydırılmış referans değerler dB	İstenmeyen sapma dB	Spektrum No:1 dB	L_n-R_w dB	$10^{\log (Ln-Rw)/10}$ dBx10^{-5}	Spektrum No:2 dB	L_n-R_w dB	$10^{\log (Ln-Rw)/10}$ dBx10^{-5}
100	23,2	9		-29	-52,2	6,03	-20	-43,2	4,79
125	22,7	12		-26	-48,7	1,35	-20	-42,7	5,37
160	26,1	15		-23	-49,1	1,23	-18	-44,1	3,39
200	21,9	18		-21	-42,9	5,13	-16	-37,9	16,2
250	28,4	21		-19	-47,4	1,82	-15	-43,4	4,57
315	23,4	24	0,6	-17	-40,4	9,12	-14	-37,4	18,2
400	27,7	27		-15	-42,7	5,37	-13	-40,7	8,51
500	28,2	28		-13	-41,2	7,59	-12	-40,2	9,55
630	29,4	29		-12	-41,4	7,24	-11	-40,4	9,12
800	30,5	30		-11	-41,5	7,08	-9	-39,5	1[illegible],2
1000	29,6	31	1,4	-10	-39,6	11,0	-8	-37,6	17,4
1250	30,7	32	1,3	-9	-39,7	10,7	-9	-39,7	10,7
1600	25,8	32	6,2	-9	-34,8	33,1	-10	-35,8	26,3
2000	25,3	32	6,7	-9	-34,3	37,2	-11	-36,3	23,4
2500	25,8	32	6,2	-9	-34,8	33,1	-13	-38,8	13,2
3150	26,4	32	5,6	-9	-35,4	28,8	-15	-41,4	7,24
	Toplam = 28 < 32,0 R_w = 52 – 24 dB = 28 dB			Toplam = 205,86 -10 log 205,86 = 26,86 C = 27 – 28 = - 1			Toplam = 189,64 -10 log 189,64 = 27,22 C_{tr} = 27 – 28 = - 1		

EK-2. Simgeler ve Kısaltmalar

Simgeler	**Açıklama**
L_{peak}	Ses basınç seviyesinin tepe değeri
PNL	Algılanan gürültü düzeyi
L_{eq}, L_{Aeq}	Eşdeğer sürekli ses basınç seviyesi
P_0	Referans akustik basınç (20 μPa)
L_{dn}	Gündüz-gece gürültü düzeyi
T	Reverberasyon süresi
T_{mf}	Orta frekanslarda reverberasyon süresi (500 Hz,1000 Hz, 2000 Hz)
R_w	Ses azaltma indeksi-ses geçiş kaybı
R	Ses azaltma indeksi-ses geçiş kaybı (Bileşik cidar)
$R_{w,res}$	Ses azaltma indeksi-ses geçiş kaybı (Dış yapı elemanı için)
dB	Desibel - Ses basınç seviyesi birimi
dBA	A-Ağırlıklı ses basınç seviyesi birimi
W	Ses gücü (watts)
F	Frekans
Hz	Hertz - frekans birimi
kHz	KiloHertz – frekans birimi
I	Ses şiddeti
d	Uzaklık
P	Ses basıncı
SPL	Ses basınç seviyesi
SNR	Sinyal / gürültü oranı
PWL	Ses güç seviyesi
λ	Dalga boyu
T	Periyot
S	Ses yüksekliği (sone)
C	Orta ve yüksek frekanslı gürültü kaynağı için spektrum adaptasyon terimi

Simgeler	**Açıklama**
C_{tr}	Düşük ve orta frekanslı gürültü kaynağı için spekrum adaptasyon terimi
L_L	Ses yüksekliği seviyesi (fon)
α	Ses yutuculuk değeri
τ	Ses geçiş katsayısı
B	Duvarın eğilme sertliği
a	Rüzgar gradyanı
B	Sıcaklık gradyanı
T_0	Sıcaklık
C_0	Ses hızı
1	Ses ışınının yükseklik açısı

Kısaltmalar	**Açıklama**
CNEL	Toplam gürültü eşdeğerlik düzeyi
SEL	Ses etkilenim seviyesi
NC	Gürültü düzeyi kriteri
RC	Gürültü düzeyi kriteri
NR	Gürültü düzeyi kriteri
NCB	Dengelenmiş gürültü düzeyi kriteri
SIL	Konuşma girişim düzeyi
RT	Reverberasyon süresi
STI	Konuşmanın iletim indeksi
MKM	Mamak Kültür Merkezi
STC	Ses geçiş sınıfı (Havada yayılan ses)
IIC	Ses geçiş sınıfı (Katılarda yayılan ses)

FSC
www.fsc.org
MIX
Papier | Fördert
gute Waldnutzung
FSC® C083411

Kolibri 360 GmbH
Ferdinand-Jühlke-Straße 7
99095 Erfurt, Deutschland
produktsicherheit@kolibri360.de

Druck:
CPI Druckdienstleistungen GmbH
im Auftrag der
Kolibri 360 GmbH
Ferdinand-Jühlke-Str. 7
99095 Erfurt